JN164057

原発はどのように壊れるか

金属の基本から考える

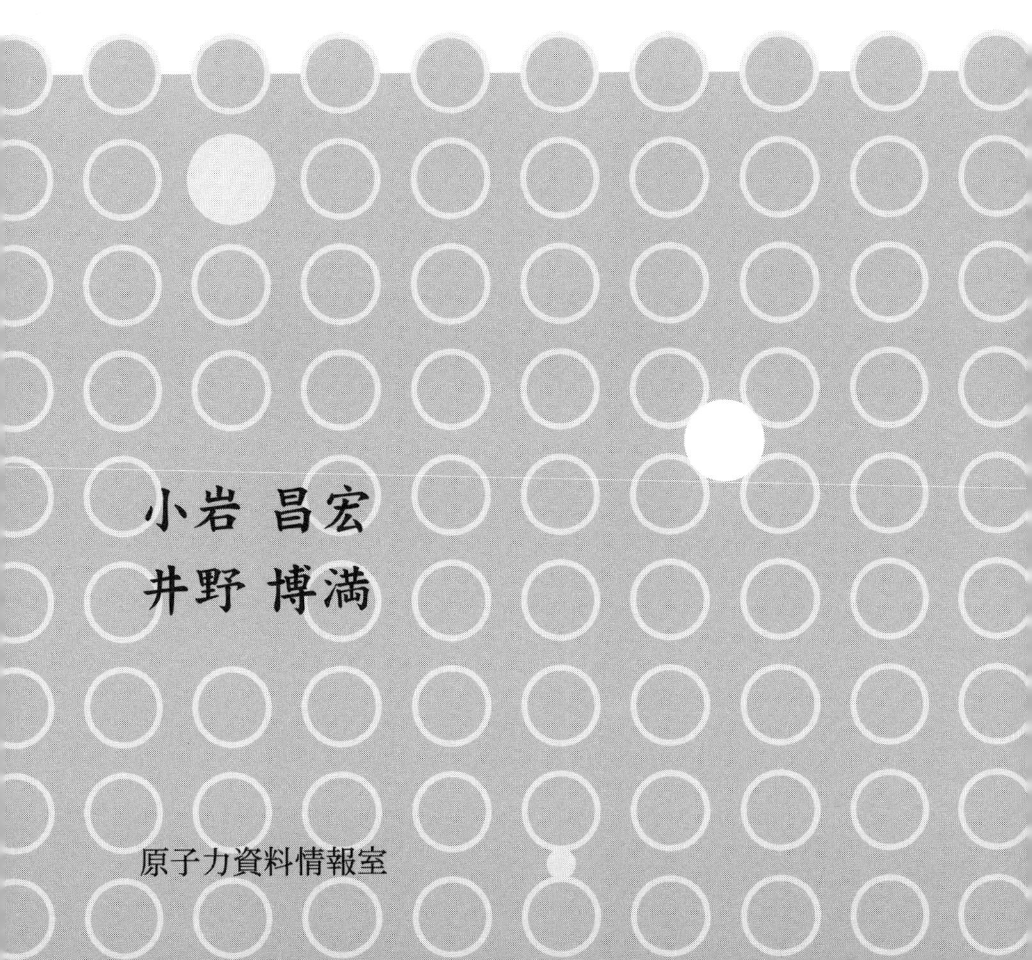

小岩 昌宏
井野 博満

原子力資料情報室

はじめに　－本書を読みすすめるための一助として－

巨大地震と大津波、そのうえ、放射能におそわれた3・11東日本大震災の記憶が遠のいてきて、原発の再稼働が日程にのぼっている。

「ふるさとを　怒りとともに　避難する　なにも　わりごど　してもねえのに」

と詠まれた怒りを自らのものとするなら、忘却はゆるされまい。スリーマイルの事故（1979）もチェルノブイリの事故（1986）も記憶の彼方へとうすれ、フクシマ事故（2011）が起こった。

わが国の原発は壊れない、日本の原発で事故は起きない、と宣伝され続けてきたせいか、おおくの人たちが、原発は「安全」だと思い込んできたふしがある。「わりごど」のひとつかもしれない。再稼働を目指す原発の適合性審査が原子力規制委員会によっておこなわれている。だが、それは「安全かどうか」を審査するものではない。原発はけっして強固なものではなく、壊れるものである。そのことを、金属の基本から考えようというのが本書の目的である。

きっかけは2016年7月、原子力資料情報室の公開研究会「原発はなぜ老朽化するのか」で、小岩昌宏さんに金属の基礎から説き起こして解説をしていただいたことである。会場は満員だったが、参加できなかった会員のために、講演の内容をふくらませ、小岩昌宏・井野博満の共同執筆で冊子をつくることにした。

読者の便宜になればと、内容のあらましを以下にしるそう。

Ⅰ　金属の基本（1章～5章）

金属の思いがけない様相と基本的な知識とを紹介。加工や熱処理、それがもたらす原発の強度への懸念。そして、もっともおおく使われる金属である鉄と鋼について、歴史的な経緯をふまえ製鋼法と製品の性質とを述べた。

Ⅱ　金属の強さと弱さ（6章～8章）

金属は強い材料とされているが、その強さを調べる方法。金属の特徴である延性、展性、靭性、さらに、脆性などの弱さ。

Ⅲ　原子炉材料とその経年変化（9章～11章）

ウランの核分裂現象とはどういうものか。原子炉と原子炉内構造物が受ける影響、中性子の照射による損傷、金属の疲労と腐食とで原発が危うくなるなど、さまざまな劣化現象を紹介。

Ⅳ　照射脆化（12 章～ 14 章）

原子炉を運転するとき必然的に中性子が原子炉圧力容器を照射し、圧力容器鋼材の脆化をもたらす。それを予測する方法は妥当か。脆化によって靭性がどのように減るのか。原子力規制委員会の対応はこころもとない。

Ⅴ　金属材料と原発の設計（15 章）

原発はどのように設計され、どういう弱点を持つのか。金属材料の性質との関連で説明。設計というより広い視点が加わるが、ぜひとも、ここまで読み進んでいただきたい。

読者それぞれの興味、関心で順不同でも構わない。随所におかれたコラムと索引とが役に立つならば、幸いである。

2018 年 2 月　　　　山口幸夫（原子力資料情報室・共同代表）

目　次

Ⅲ　原子炉材料とその経年劣化

I
Part 1

金属の基本

1章

金属と合金

原子炉は金属、コンクリート、セラミックスなどいろいろな材料でできている。なかでも金属は、原子炉圧力容器、燃料集合体、熱交換器、配管（パイプ）など、もっとも多く使われている材料である。この章では、身近な金属であるコインの観察から始めて、“金属とはどんなものか”を考えることにしよう。

実際に使用される金属材料は、純金属（銅、アルミニウムなど、単一の元素だけを含むもの）であることはむしろまれで、ほとんどは2種類以上の金属を混ぜ合わせた“合金（alloy）”である。“超合金”、“形状記憶合金”、“耐熱合金”など「合金」という用語は、このことを意味している。2種類以上の金属を混ぜ合わせると、性質が変化し新しい特性が現れる。そのいくつか実例をみてみよう。

1.1 コイン（硬貨）の話

身近な金属といえば、財布の中のコインではないだろうか？　まず、その観察から始めよう。

今、通用しているコインは次の6種類である（図1.1）。

1円、5円、10円、50円、100円、500円

それぞれ、どんな金属でできているだろうか？　表1.1に組成などを記した。いくつか補足しておこう。

1円硬貨の素材は“純アルミニウム（Al）”で、ほかの金属は添加されていないので、組成を（100% Al）とした。しかし、ふつう“純アルミニウム”といっても、純度は99.9%（3N、数字の9が3個並んでいるので、このように記し、スリーナインとよぶ）で、0.1%程度はほかの元素が含まれている。なお、重量1g、直径

20 mm であることを覚えておくと便利である。

1円硬貨以外は、銅（Cu）にほかの元素を添加した合金を素材としている。

5円硬貨の組成は銅 60～70%、亜鉛（Zn）30～40%で、他の合金硬貨と比較して組成の幅が広い。これは第二次世界大戦直後に発行された硬貨に、戦時中に使用した兵器のスクラップを材料に用いたことの名残だそうである。**黄銅**（おうどう、brass）は、銅と亜鉛の合金で、特に亜鉛が20%以上のものをいう。**真鍮**（しんちゅう）とよばれることもある。金管楽器は黄銅で作られるものが多いので、金管楽器を主体として編成される楽団をブラスバンド（brass band）とよぶ。

図 1.1　日本の硬貨

表 1.1　日本の硬貨の素材、組成、量目、直径

硬貨	素材	組成	量目（g）	直径（mm）
1円	純アルミニウム	（Al 100%）	1	20
5円	黄銅	Cu 60-70%　Zn 40-30%	3.75	22
10円	青銅	Cu 95%　Zn 4-3%　Sn 1-2%	4.5	23.5
50円	白銅	Cu 75%　Ni 25%	4	21
100円	白銅	Cu 75%　Ni 25%	4.8	22.6
500円	ニッケル黄銅	Cu 72%　Zn 20%　Ni 8%	7	26.5

ところで、ほとんどの金属は灰白色の光沢を示すが、金と銅は、はっきりした色相を示す。銅にほかの元素（たとえば亜鉛）を添加していくと色相は赤→黄→白（灰白色）と変化する。イミテーションゴールド（模造金）とよばれる装飾品は銅合金で作られている。

銅を主成分としスズ（錫 Sn）を含む合金を**青銅**（bronze）とよぶ。添加するスズの量が少ないと10円硬貨のように純銅に近い赤色を示し、多くなるとしだいに黄色味を増して黄金色となり、さらに増加すると白銀色となる。古代の銅鏡は白銀色の青銅を素材とするものが多かった。青銅は大気中で徐々に酸化されて表面に炭酸塩を生じながら緑青（ろくしょう、青緑色の銅塩）となる。そのため、年月を経た青銅器はくすんだ青緑色になる。“青銅”という名称は、本来の金属の色ではなく「年月を経て変化したのちの色相」に由来するものである。

以上に述べたように、「青銅」とは本来スズを含む銅合金の意味であるが、これが銅合金として有名であるがために“アルミニウム青銅”、“マンガン青銅”、“シルジン青銅”など、スズを含まないにもかかわらず“銅合金”の意味で用いているものもある。

白銅は、銅を主体としニッケル（Ni）を10%から30%含む合金である。100円硬貨、50円硬貨は銅75%−ニッケル25%の白銅である[1]。

ところで、現在通用している貨幣で、磁石につくものはあるだろうか？　磁石につく金属は、鉄（Fe）、コバルト（Co）、ニッケル（Ni）それにガドリニウム（Gd）だ。1955～1966年に発行された50円硬貨は純ニッケル製で、これは磁石につく。現在発行されている50円硬貨、100円硬貨はニッケルが25%であり、磁石にはつかない。

しかし、1万円、5千円、千円の紙幣は磁石につく。「札全体を磁石に吸いつけてさらう」というような一目瞭然のデモンストレーションはできないが。しわや折り目のない新札を二つ折りにしてテーブルの上に立て、強力な磁石を近づけると吸いつけられて動く。あるいは、ひもでお札をつりさげて、横から磁石を近づけると、動くのがわかる。印刷インクの中に磁石に引きつけられる成分が入っているそうだ。もっとも造幣局に印刷インクの成分を訊ねても「秘密だから、お答えできない」という返事だったそうだ。偽札づくりをされては大変だから、こういう返事が返って来るのももっともである[2]。

1.2　金属の特性

ひととおり金属になじんだところで、改めて“金属とは何か？”について述べておくことにしよう。周期表にあるおよそ100あまりの元素のうち、金属元素とよばれるものがおよそ3/4ある。それらには、次のような特性がある。

1. 固体状態で結晶となる（注1）
2. 電気および熱伝導度が大きい
3. 金属光沢がある

4. 延性、展性が大きい

金属は以上4つの特性を備えた物質である。しかし、金属と非金属の中間的な性質の物質もある。“金属であればかならずもっているが、ほかの物質にはみられない性質”というものがあるとしたら、簡単に分類できるのだが、そういうものはない。結局、金属であるかどうかは、原子どうしが寄り集まって固体となるときの、原子間の結合の性質による。以下、3つの主な結合の様式と物質例を挙げる（注2）。

イオン結合　陽イオンと陰イオンが静電気力で結びついたもの。

例　ナトリウム原子「Na」が塩素原子「Cl」に電子を与えて「Na^+」と「Cl^-」になり、これが電気的に引きあい、塩化ナトリウム「NaCl」となる。

共有結合　価電子（一番外側の軌道にある電子）が隣の別の原子核に引き寄せられ、たがいに混じりあって、一対の価電子が2個の原子核に共有された状態。

例　ダイヤモンド（C)、ケイ素（Si)、ゲルマニウム（Ge)、二酸化ケイ素（SiO_2)、炭化ケイ素（SiC）など。

金属結合　価電子を放出して、陽イオンとなった原子が規則正しく配列する。陽イオンどうしは反発しあうので、直接結合することはないが、放出された電子が糊のような役割をして、陽イオンどうしが集まる。この電子は陽イオンの間を自由に動き回ることができる。このような電子を自由電子という。金属の結晶は金属のイオン（陽イオン）が自由電子によってたがいに引きあって結合していることになる。

例　金（Au)、銀（Ag)、銅（Cu)、鉄（Fe)、ニッケル（Ni)、ナトリウム（Na)、プルトニウム（Pu)、ウラン（U)

(注1)　**非晶質合金（アモルファス合金)**：ふつう、金属固体は結晶（第2章）であるが、ある種の合金（2種以上の元素を含む）を液体状態から急速に冷却すると、液体に似て周期性のない構造の固体が得られる。このような合金を非晶質合金またはアモルファス（amorphous）合金とよぶ。純金属（1種類の元素のみ）のアモルファス固体を作ることはできない。鉄系のアモルファス合金は（1）高強度、(2）軟磁性、(3）耐食性　の点で優れており、磁性材料として実用化されている。

(注2)　アルゴン、クリプトンなど不活性元素はファン・デル・ワールス力とよばれる力で結合し結晶となる。また、共有結合により分子となった水素（H_2)、水（H_2O)、酸素（O_2)、二酸化炭素（CO_2）などは、この力により結晶（分子結晶とよばれる）となる。

ファン・デル・ワールス力　中性である原子、または分子で、電子分布が瞬間的に非対称になると電気双極子が生まれる。この電気双極子間の力をこのようによぶ。このため、物質の結合様式として、主要な3つの結合様式：イオン結合、共有結合、金属結合に加えて、ファン・デル・ワールス結合を挙げることもある。

周期表

	I A	II A	III A	IV A	V A	VI A	VII A	VIII			I B	II B	III B	IV B	V B	VI B	VII B	0
1	1 H 水素																	2 He ヘリウム
2	3 Li リチウム	4 Be ベリリウム											5 B ボロン	6 C 炭素	7 N 窒素	8 O 酸素	9 F フッ素	10 Ne ネオン
3	11 Na ナトリウム	12 Mg マグネシウム											13 Al アルミニウム	14 Si ケイ素	15 P リン	16 S 硫黄	17 Cl 塩素	18 Ar アルゴン
4	19 K カリウム	20 Ca カルシウム	21 Sc スカンジウム	22 Ti チタン	23 V バナジウム	24 Cr クロム	25 Mn マンガン	26 Fe 鉄	27 Co コバルト	28 Ni ニッケル	29 Cu 銅	30 Zn 亜鉛	31 Ga ガリウム	32 Ge ゲルマニウム	33 As ヒ素	34 Se セレン	35 Br 臭素	36 Kr クリプトン
5	37 Rb ルビジウム	38 Sr ストロンチウム	39 Y イットリウム	40 Zr ジルコニウム	41 Nb ニオブ	42 Mo モリブデン	43 Tc テクネチウム	44 Ru ルテニウム	45 Rh ロジウム	46 Pd パラジウム	47 Ag 銀	48 Cd カドミニウム	49 In インジウム	50 Sn スズ	51 Sb アンチモン	52 Te テルル	53 I ヨウ素	54 Xe キセノン
6	55 Cs セシウム	56 Ba バリウム	57~71 ＊1	72 Hf ハフニウム	73 Ta タンタル	74 W タングステン	75 Re レニウム	76 Os オスミウム	77 Ir イリジウム	78 Pt 白金	79 Au 金	80 Hg 水銀	81 Tl タリウム	82 Pb 鉛	83 Bi ビスマス	84 Po ポロニウム	85 At アスタチン	86 Rn ラドン
7	87 Fr フランシウム	88 Ra ラジウム	89~103 ＊2	104 Rf ラザホージウム	105 Db ドブニウム	106 Sg シーボーギウム	107 Bh ボーリウム	108 Hs ハッシウム	109 Mt マイトネリウム	110 Ds ダームスタチウム	111 Rg レントゲニウム	112 Cn コペルニシウム	113 Nh ニホニウム	114 Fl フレロビウム	115 Mc モスコビウム	116 Lv リバモリウム	117 Ts テネシン	118 Og オガネソン

＊1 ランタノイド	57 La ランタン	58 Ce セリウム	59 Pr プラセオジム	60 Nd ネオジム	61 Pm プロメチウム	62 Sm サマリウム	63 Eu ユウロピウム	64 Gd ガドリニウム	65 Tb テルビウム	66 Dy ジスプロシウム	67 Ho ホルミウム	68 Er エルビウム	69 Tm ツリウム	70 Yb イッテルビウム	71 Lu ルテチウム
＊2 アクチノイド	89 Ac アクチニウム	90 Th トリウム	91 Pa プロトアクチニウム	92 U ウラン	93 Np ネプツニウム	94 Pu プルトニウム	95 Am アメリシウム	96 Cm キュリウム	97 Bk バークリウム	98 Cf カリホルニウム	99 Es アインスタイニウム	100 Fm フェルミウム	101 Md メンデレビウム	102 No ノーベリウム	103 Lr ローレンシウム

金属元素　半導体元素

1.3　2元状態図――融点が低い金属

コインにはアルミニウム、銅、亜鉛、ニッケルなどの金属が使われていることを述べた。これらの金属は、室温では固体であるが温度を上げていくと、氷が水になるように、ある温度で溶けて液体になる。表1.2にいくつかの金属の融点を示した。これらのうち、ナトリウム、ウラン、ジルコニウムなどは、原子炉など原子力エネルギーに関連して用いられる金属である。

表 1.2　金属の融点

金属		融点（℃）
Hg	水銀	−39
Na	ナトリウム	98
Sn	スズ	232
Pb	鉛	327
Pu	プルトニウム	639
Al	アルミニウム	660
Cu	銅	1083
U	ウラン	1132
Ni	ニッケル	1453
Fe	鉄	1536
Zr	ジルコニウム	1852
Cr	クロム	1903
W	タングステン	3410

一番融点が高い金属はタングステンで、融点は3410 ℃である。一番融点の低い金属は水銀である。融点は−39 ℃であるから室温では液体で、昔の体温計はすべて水銀が使われていた。ナトリウムの融点は98 ℃で、高速増殖炉もんじゅの冷却材に使われている（注3）。

電気回路の配線などに用いる「はんだ」は鉛（Pb）とスズの合金である。合金の融点は、それぞれの融点（327 ℃、232 ℃）の中間の値になると予測される。ところが、はんだの融点は183 ℃で、成分金属の融点より低い。

一般に物質の集合状態には、気体、液体、固体の3つの状態があり、それぞれ気相、液相、固相という。金属においてもこの3つの状態がある。しかし、金属のあるものは、固体状態において、組成、あるいは温度の変化により異なる構造をとることがある。その場合、単に固体といっただけでは特定できないので、“固相Ⅰ、固相Ⅱ”、α相、β相などの用語を用いて区別する（注4）。このことを踏まえて、2元合金の状態図について基礎的なことを述べておこう。

（注3）　ナトリウムの融点は98 ℃、沸点は883 ℃、比重は0.97で、わずかに水より軽い。このため、水ポンプ技術がそのまま使えること、中性子をあまり吸収しないことから冷却材として選ばれた。一方、非常に反応性が高く、酸、塩基に侵されやすく、水と激しく反応する。水に固体ナトリウムを投げ込むとナトリウムが反応熱で溶融し細粒化して反応面積が激増して爆発する。素手で触れると手の表面にある水分と化合し水酸化ナトリウムとなって皮膚を侵す。空気中で容易に酸化されるため、保存するときは灯油に浸ける。消防法で第3類危険物に指定されている。もんじゅには開発当初から、約1兆円が投じられたが、ほぼ20年間止まっていて、ようやく廃炉が決まった（2016年）。

（注4）　**相（phase）の定義**：相とは、微細構造に基づいて、たがいに組成または構造、あるいはその両方が（周囲とは）相互に異なった領域である。

2種類の原子A、Bの合金について考える。両原子の性格がどの程度似ているかにより、溶融状態および固体状態それぞれにおいて、原子のまじりあい方に3つの場合がある。

溶融状態：Ⅰ　完全に溶けあう
　　　　　Ⅱ　一部溶けあう
　　　　　Ⅲ　全然溶けあわない
固体状態：A　完全に溶けあう
　　　　　B　一部溶けあう
　　　　　C　全然溶けあわない

これらの場合が次のように組み合わされて、いろいろの平衡状態図ができる。すなわち、

ⅠA、　ⅠB、　ⅠC、
ⅡB、　ⅡC、
ⅢC、

である。これ以外の組み合わせは実在しない。たとえば液体状態において全然溶けあわないで固体状態で完全に溶けあうことはない。

ここではⅠA、ⅠBの場合について具体例を挙げる。

• 図1.2は、銅（Cu）とニッケル（Ni）の状態図で、液相、固相のいずれもすべての割合で溶けあう"全率固溶"の系で、分類ⅠAに相当する。合金の融点は、ほ

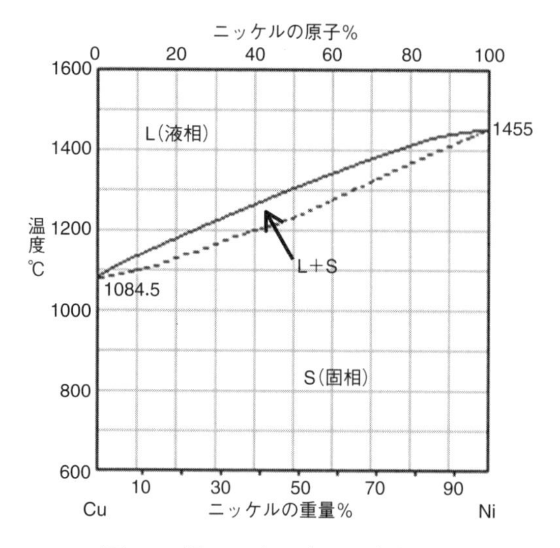

図 1.2　銅−ニッケル（Cu−Ni）状態図

ぼ両金属の融点を結んだ線上にある。なお、後の章で、この型の合金を冷却するとき、急速に冷やすと濃度の不均一（偏析）が起こることが説明される。

• 図 1.3 は鉛（Pb）とスズ（Sn）の状態図である。固体の鉛にはスズが最高 18.3%溶け込むが、固体のスズには鉛は 2.2% しか溶け込まない。左側の元素（この図では鉛）に右側の元素（この図ではスズ）が溶け込んだものをα（アルファ）固溶体、右側の元素に左側の元素が溶け込んだものをβ（ベータ）固溶体とよぶ（注 5）。上側の 2 本の曲線は、各種組成の合金の融点を表しており、鉛 38%-スズ 62% で最低値 183 ℃となっている。鉛-スズ合金を冷却していくと、最終的にはこの点に到達し、α、β固溶体が同時に析出するため、共晶点（共晶温度）とよばれる。共晶点組成の合金は、成分金属である鉛やスズよりも低い温度で溶

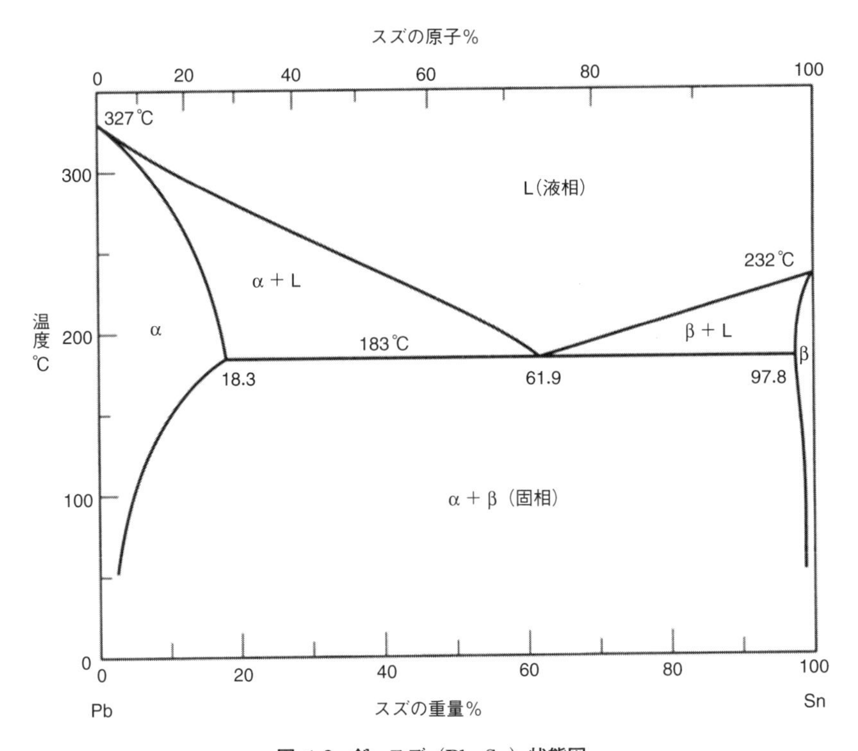

図 1.3　鉛-スズ（Pb-Sn）状態図

（注 5）「金属原子 A、B が相互に溶けあう」と表現した状態を固溶体という。水とアルコールを混ぜたものは、水と油の混合物とは違って混じりあうため、溶液あるいは溶体とよぶように、一様に溶け込んで固体となっているものを固溶体とよぶ。

けるので、初めに述べたように、電気回路の配線をするときの「はんだ」として用いられる。

上の分類は、金属A、Bが、液相、固相において溶けあうかどうかに着目した。次に、A、B両原子間の相互作用に着目して考えてみよう。

A、B原子の区別がしにくいほど似ているときは、相互作用エネルギーは0に近く、両原子は反発も吸引もしない。このときは、全率固溶型の状態図（ⅠA）になる。金属A、B原子が反発しあう傾向があれば相分離型（ⅠB）で、反発がそれほど大きくなければ一部固溶の共晶型（ⅠB)、もし反発が非常に大きければ、部分的にも固溶しない（ⅠC）型、あるいは（ⅢC）型になる。

一方、金属原子A、Bが相互に強く引きあうときには、原子が特定の割合で結合した金属間化合物が形成される。ニッケル-アルミニウム系ではAl_3Ni、Al_3Ni_2、AlNi、Al_3Ni_5、$AlNi_3$などの化合物がある。ニッケル-アルミニウム2元合金の状態図を図1.4に示した。ニッケル70%-アルミニウム30%の合金の融点は1638 ℃でニッケル、アルミニウムそれぞれの融点より高い。

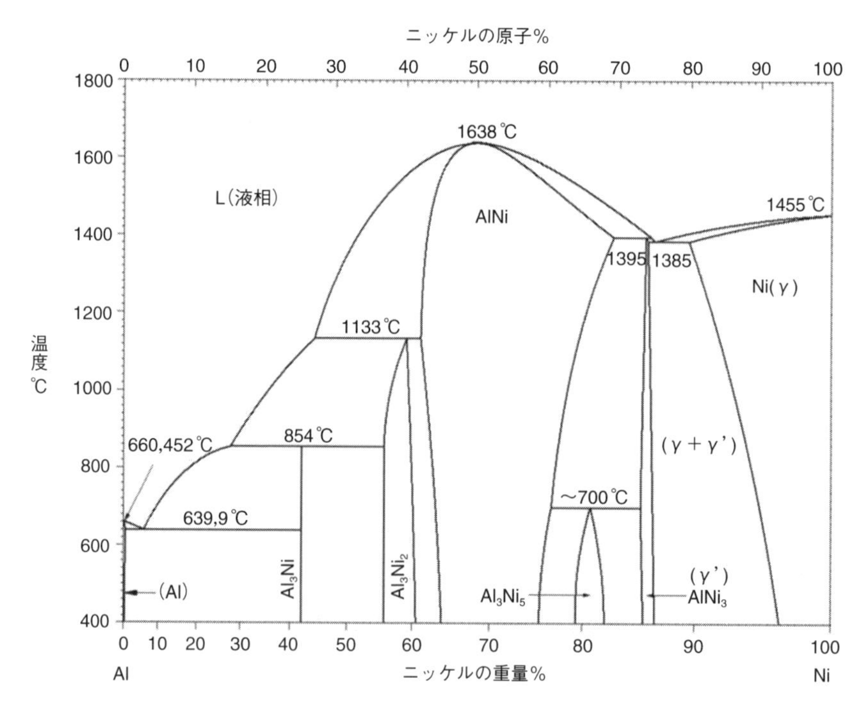

図 1.4　アルミニウム-ニッケル（Al-Ni）2元合金の平衡状態図

状態図は、その合金系に関する豊富な情報を含んでいる。材料学を学ぶ学生が、最初に学ぶ（べき）ことは“状態図の読み方”である。

1.4　ジュラルミン

アルミニウムは、地殻中に酸素、ケイ素についで豊富に存在し、金属元素としてはもっとも多く、鉄の2倍もある。一番よく使われている金属−鉄の比重は7.85であるのに対し、アルミニウムは2.7で“軽金属”とよばれている。しかし、純粋なアルミニウムは強度が低く、実用には適さない。

1906年9月、ベルリン近くにある理工学中央研究所でアルフレッド・ウィルム（Alfred Wilm）によって新合金が発明された。アルミニウム合金試料を9月のある土曜日に焼入れし、硬さの測定を午後1時まで行い、その続きを翌々日の月曜日に行ったところ著しく硬くなっていた。ウィルムは、はじめ硬度計が狂ったのではないかと思った[3]。

図1.5はのちに発表された実験結果を示す。時間の経過とともに硬さがます現象を時効硬化（age hardening）という。動物・植物と違って無機物である金属は、時間がたっても変化しないと思いがちである。しかし、金属の性質は時間とともに変化する。**“金属は生きている”**ことを端的に示す好例として強調しておこう。

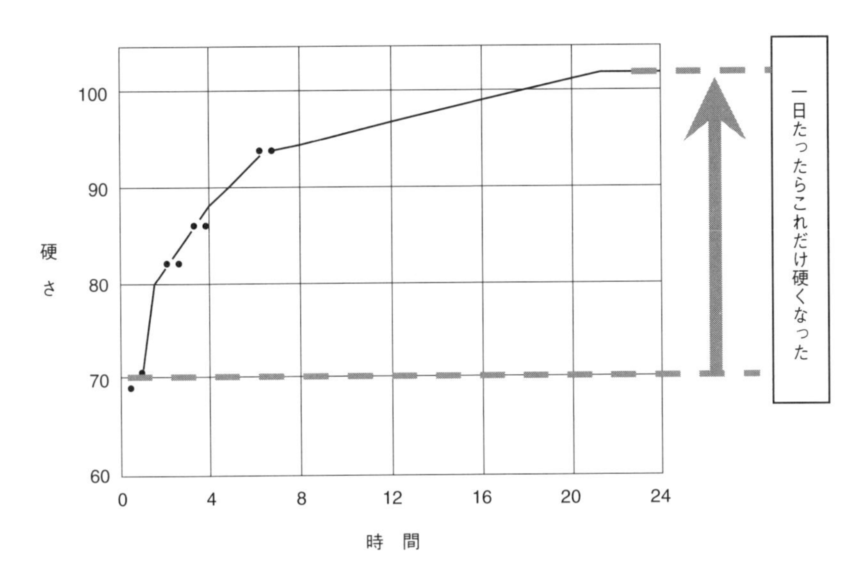

図 1.5　マグネシウムを含むアルミニウム合金の時効硬化（Cu 3.5%、Mg 0.5%、残り Al：Wilm）

この合金の商品名は、“硬い”を意味するドイツ語をつけてHart Aluminiumとする案があったが、国際市場を考慮してジュラルミンに落ちついた。ジュル（デュルのほうが正しく発音を伝える）はフランス語のdur（硬い）であり、ジュラルミンはやはり硬いアルミニウムのことになる。しかも、この合金を製造した会社、デュレナ・メタルウェルケの所在地デュレン（Düren）が入っている“めでたい”名となった。

ジュラルミンの組成と改良

ウィルムの研究成果は、論文としては1911年に発表された。この論文のタイトルは「マグネシウムを含むアルミニウム合金の物理冶金学的研究」で、図1.5はそれに掲載されたものである。実験に用いられた試料の組成は銅3.5%、マグネシウム0.5%であるのに、マグネシウムが強調されたのは、少量のマグネシウムが時効硬化をもたらすと考えたためであった。しかし、X線回折、電子顕微鏡などの実験技術の進歩により、時効硬化の主役は銅原子で、これがクラスターを形成するためであることが明らかにされた。

ジュラルミンはやがて航空機材料として重要なものとなるが、発明された頃は飛行船が注目を集めており、その骨組みなどの材料として使用された。1919年、最

コラム　重量パーセントと原子パーセント

アルミニウムAlとニッケルNiの状態図（図1.4）の下の目盛はwt.%（重量%）、上の目盛はat.%（原子%）となっている。あとの章（2章）では、原子が固体の中でどのように配列しているかを考える。このように、原子のレベルでものを考えるときには、重量の比ではなく、原子数の比で記述する.

2元合金の場合、それぞれの重量を原子量で割ると（相対的な）原子数が得られる。A、Bの原子量をそれぞれM_A、M_B、Aの原子%をx、重量%をyとすると、次の関係がある。

$$x : 100 - x = y/M_A : (100 - y)/M_B$$

ニッケル-アルミニウム合金の場合、$M_{Ni}=58.68$、$M_{Al}=26.98$であるから，30 at.% Alの合金は$y \fallingdotseq 0.483$すなわち48.3 wt.% Alとなる。

なお、重量%(wt%)ではなく、質量%(mass%)を用いることもある。「“重量”は月に行けば減少するが、“質量”は不変で、それを用いよ」ということである。もっともではあるが、当面は地球上の生活を主に考えてもよいであろう。さしあたり、重量wt.%＝質量mass%と理解しておこう。

初の軽金属飛行機が制作され、より強い材料が求められた。ウィルムの開発した合金をベースに、銅、マグネシウムの量を増減する、ケイ素、マンガン（Mn）、鉄など元素を加える、熱処理条件を変えるなど広範な研究が行われた。1930～40年代に米、英、仏、独で開発され、当初のジュラルミンを上回る強度をもつ各種の合金は、超ジュラルミンとよばれている。日本では、米国のAlcoa社で開発されたマグネシウム1.5%を含む超ジュラルミンが規格（JIS A2024）になっている。

超ジュラルミンよりさらに高い強度と優れた耐食性をもつ超々ジュラルミンとよばれる合金は、住友金属工業が海軍の要請により開発した。その標準組成は亜鉛8%、銅2%、マグネシウム1.5%、マンガン0.6%、クロム0.25%、ケイ素0.2%、鉄0.2%、残部アルミニウムである。旧日本海軍のゼロ戦（零式艦上戦闘機）に用いられ、機体重量軽減に貢献した。

1.5　酸化しやすい金属、しにくい金属

自然界においては、金属がピカピカ光った“純金属（単体）”として見つかることはまれで、ほとんどの場合、鉱石中に酸化物や硫化物の形で含まれている。酸化物や硫化物のほうが、純粋な単体より化学的に安定なためである。表1.3に数種の金属について、酸化物の形成自由エネルギーの値を示した。この量がマイナスで大きいほど酸化物が安定であることを意味している。金（Au）だけはこの値が正で、“常温の空気中では、金は酸化されない”ことを裏付けている。「1000気圧以上の純酸素雰囲気」でないと金の酸化物はできないそうである。

通常は何らかの化合物として鉱石中に含まれている元素を還元して、人間が利用しやすい物質に変えたのが金属・合金であるから、放置しておくと本来の安定な物質に戻ろうとする傾向がある。これが、金属が錆びる、あるいは腐食するという現象である。ここでは、酸化について考えてみよう。

表 1.3　金属酸化物の形成自由エネルギー　25℃　(kJ/mol)

Al_2O_3	Cr_2O_3	ZrO_2	UO_2	Ti_2O	Fe_2O_3	MgO	NiO	Cu_2O	Ag_2O	Au_2O_3
−1576	−1045	−1039	−1031	−853	−743	−568	−217	−145	−13	＋163

金属と酸化物の体積比―ピリング・ベッドウォース比

平らな金属表面が酸化される場合を考える。形成された酸化物が密着して表面をおおうならば、金属表面は（酸素）雰囲気と直接接触しないので、酸化の進行は遅くなるであろう。そう考えると、金属を酸化したとき、体積変化が問題となる。

表 1.4　ピリング・ベッドウォース比

K_2O	Na_2O	MgO	Al_2O_3	NiO	Cu_2O	Cr_2O_3	Fe_2O_3
0.41	0.58	0.79	1.38	1.60	1.71	2.03	2.16

金属を M、その酸化物を MO、それぞれの体積を V_M、V_{MO} と書くことにしよう。酸化すれば当然重さ（質量）は増えるが、体積は増えるとは限らない。金属原子と酸素原子の結合が強ければ、かえって体積が減ることもありうる。V_M と V_{MO} 比をピリング・ベッドウォース比（Pilling Bedworth ratio）とよぶ。

$$PB = 酸化物の体積(V_{MO})/金属の体積(V_M)$$

と書くことにしよう。表 1.4 に数種の金属について PB の値を示した。PB が 1 より小さい場合には酸化膜は縮もうとし、もろい酸化物は破断する。PB が 1 より少し大きい場合には押しあう状態になり、均一な酸化膜ができ保護的作用をする。しかし、あまりに PB が大きいと酸化膜に過大な圧縮応力が働き、酸化膜が割れる。アルカリ金属（カリウム（K）、ナトリウム）が非常に酸化しやすいこと、アルミニウム、ニッケルは酸化しにくいなどの傾向は、PB 値の大きさと関連づけて理解できる。ところで、この項の最初に“形成された酸化物が密着して表面をおおうならば、金属表面は（酸素）雰囲気と直接接触しないので、酸化の進行は遅くなる”と述べた。後の章で述べるように、原子は固体の中を移動することができるので、雰囲気と直接接触しなくても酸化は進む。

PB 比の値は、金属の耐酸化性を考える際の因子の一つである。このほか、酸化物と金属の弾性率、強度、相互の密着性、酸化物中のイオン（酸素イオンあるいは金属イオン）の拡散速度など、耐酸化性に関係する多くの因子があることを強調しておく。

表面にメッキして錆を防ぐ――トタンとブリキ

鉄はもっとも大量に使われている金属であるが、錆び（酸化し）やすい。錆を防ぐには、表面に薄い皮膜を形成し（メッキ――鍍金――という）、内側の材料を保護する。その皮膜には 2 種類ある。

- **犠牲防食型皮膜**: 亜鉛やアルミニウムなど鉄よりも酸化しやすく、溶けやすい金属で被覆し、その金属が優先的に溶けることで鉄を守る。亜鉛メッキした鋼板はトタンとよばれる。ポルトガル語の Tutanaga（亜鉛）から来ている。
- **バリア型防食皮膜**: 鉛やスズなど鉄よりも腐食しにくい金属で被覆し、水と酸素が鉄に到達しないように遮断する。スズメッキした鋼板はブリキとよばれる。オランダ語の Blic、ドイツ語の Blech（薄鉄板）から転化したといわれる。

1.6　錆びにくいはがね　ステンレス鋼

ステンレス鋼（stainless steel）は鉄を主成分（50%以上）とし、クロムを10.5%以上含む合金鋼である。クロムは不思議な物質で、鉄の中に入ると表面に100万分の3 mmという薄い酸化膜（注6）を作って、錆びを防ぐ。この膜はたいへん強く、たとえ壊れてもまわりに酸素があればすぐに再生する。

コラム　JIS材料記号の意味

材料は原則として3つの記号・数値により規定される。例としてSS400について説明する。

1文字目の“S”は材質：**S**teel（鋼）を意味する。

2文字目の“S”は製品名：**S**tructural（一般構造用圧延材）を意味する。

3文字目の“400”は材料の最低引張り強さ（または種類番号の数字）を示し、この場合、最低引張り強さが**400** N/mm^2であることを示す。

鉄鋼材料の主なものについて、最初2文字の記号と対応する名称を以下に記す。

		記号	名称	英文名称
普通鋼		SS	一般構造用鋼	Steel Structure
		SM	溶接構造用鋼（船舶用鋼）	Steel Marine
		SC	炭素鋼鋳鋼	Steel Casting
		SF	炭素鋼　鍛造	Steel Forging
特殊鋼	合金鋼	S-C	構造用炭素鋼（炭素＜0.6%）	Steel Carbon
	工具鋼	SK	工具用鋼（炭素＞0.6%）	Steel Kougu
	特殊用途鋼	SUS	ステンレス鋼	Steel Special Use Stainless

ステンレス鋼（SUS）については、次のように分類されている。

200番台　クロム-ニッケル-マンガン系（省ニッケル系）

300番台　クロム-ニッケル系（オーステナイトおよび二相系）

400番台　クロム系（フェライトおよびマルテンサイト系）

600番台　PH（precipitation hardening：析出硬化型）

なお、フェライト系やマルテンサイト系ステンレス鋼は磁石につくが、オーステナイト系ステンレス鋼は磁石につかない。流し台などを選ぶときに高級品（後者）かどうかをチェックできる。

（注6）　水和オキシ酸化物 $CrO_x(OH)_{2-x}\cdot nH_2O$

ステンレス鋼は1912年に発明され、これまでに、100種以上の多種類の鋼種が開発されてきた。“ステンレス”は英語stainlessの日本語読み「ステイン（stain汚れ）レス（less 少ない)」である。JIS規格では「SUS304、SUS316」のように、ステンレス鋼には品種を表す記号「SUS」がつけられる。このため、SUS304を「サス・さんまるよん」、または単に「さんまるよん」とよぶことがある。よく使われるものについて簡単に説明しておく。

SUS304（18−8ステンレス）　クロム18%、ニッケル8%、残りが鉄で構成されたステンレス。「18−8ステンレス」ともいう。耐食性・耐熱性に優れており、ねじや機械の恒久部品から原子力発電所で使われる冷却水のパイプまで広く用いられてきた。SUS304は主に高級品に採用されている。

SUS304L　炭素含有量を304鋼の0.08%程度から0.03%以下に減らし、粒界腐食（結晶粒界が優先的に腐食される現象で、ひび割れの原因になる）を起こりにくくした改良材（11.4での応力腐食割れの説明を参照)。

SUS316　モリブデン（Mo）添加により耐食性、耐酸性が良好で高温強度が大。

SUS430（18クロムステンレス）　水まわり製品に使用される。SUS304より安価である。

文献

[1] 岡田勝蔵：コインから知る金属の話、アグネ技術センター、1997
[2] 板倉聖宣：磁石の魅力、仮説社、1980
[3] 幸田成康：金属学への招待、アグネ技術センター、1998
その他、参考文献として
西川精一：金属工学入門、アグネ技術センター、1985
幸田成康 編：復刻100万人の金属学 基礎編、アグネ技術センター、2003

2章

結　　晶

「結晶」と聞くと、水晶、方解石など角張った形の鉱物を思い浮かべ、“金属は結晶である”と聞くと「おや？」と思う人も少なくないであろう。しかし、ある物質が結晶であるかどうかは、その外形によって決まるのではない。“原子の配列が広い範囲にわたって規則的、周期的である”ものを結晶（crystal）とよぶ。

2.1　基本的な構造

結晶構造を理解するため、「球を密に並べる」ことを考えてみよう。図 2.1 に示したように、1 次元の球の行列を密に並べるしかたは aaaa 型、abab 型の 2 種類が

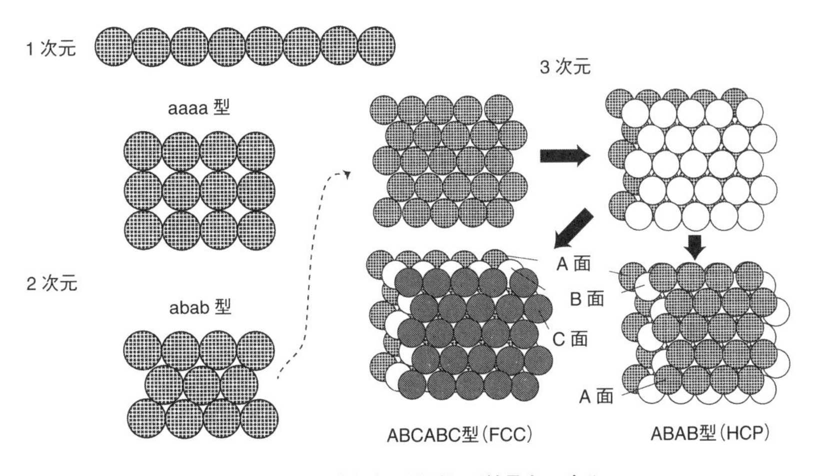

図 2.1　原子球を密に配列して結晶をつくる

ある。後者のほうが密な配列である。この配列を3次元的に積み重ねることを考える。

2層を積み重ねた後、第3層を積み重ねるとき、第1層の真上の位置に置くか否かにより2通りの置き方がある。それを、ABAB型、ABCABC型、とよぶことにしよう。これら2つの配列は、

それぞれ　**六方最密**（hcp: hexagonal close packed）構造

面心立方（fcc: face centered cubic）構造　とよばれる。

図2.2に、これら2つに加えてよくみられる結晶構造である

体心立方（bcc: body centered cubic）構造

の単位胞（unit cell、構造の基本となる最小単位）の原子配列（注1）を示した。

金属の多くは、これら3種の結晶構造のいずれかをとる。いくつか例を挙げる。

hcp：マグネシウム（Mg）、チタン（Ti）、ジルコニウム（Zr）、ハフニウム（Hf）、亜鉛（Zn）

fcc：アルミニウム（Al）、銅（Cu）、銀（Ag）、金（Au）、鉛（Pb）、ニッケル（Ni）

bcc：鉄（Fe）、モリブデン（Mo）、バナジウム（V）、ニオブ（Nb）、タンタル（Ta）、クロム（Cr）

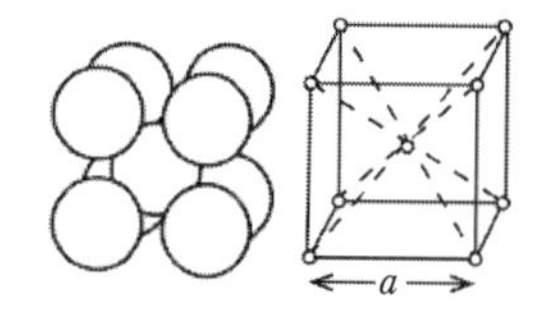

体心立方格子
bcc

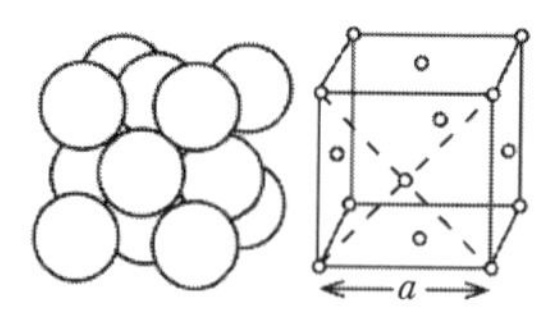

面心立方格子
fcc

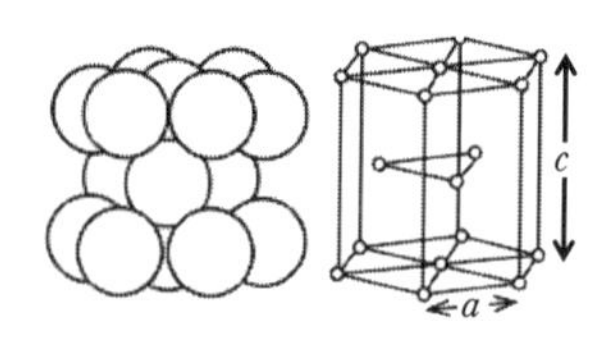

最密六方格子
hcp（or cph）

図 2.2　基本的な結晶構造

（注1）　立方晶では、単位胞の一辺の長さ a を格子定数という。この寸法を決めれば構造が定まる。これに対し、六方晶では、六角柱の底辺の長さ a と高さ c（図2.2）の2つの量を与える必要がある。これらの構造が剛体球によってできているとして、空間が球によって占められている割合を計算すると、

fcc、hcp: 0.740　bcc: 0.680 で、体心立方構造は、やや密度が低い。

球を積み重ねてできる理想的な六方最密構造については、軸比 $c/a = \sqrt{8/3} \approx 1.633$ の関係がある。いくつかの金属について、軸比の値を示す。

マグネシウム	チタン	ジルコニウム	ハフニウム	亜鉛
1.6236	1.587	1.589	1.587	1.856

理想軸比に近いのはマグネシウムで、他の金属はかなり離れた値を示している。したがって、これらは“最密”六方結晶ではなく、球の“最密充填”により得られる構造とは言いがたいが、慣習的にhcp（cph）構造とよばれている。

2.2 結晶の方向、面

結晶の性質を述べるとき、「結晶方向」、「結晶面」という概念、用語を使うことがある。図 2.3 に、立方晶について、よく現れる方向と面を例示した。結晶方向は、3つの直交する基本ベクトルの成分を列記し、角括弧を用いて［h k l］と記される。図には4つの方向［110］、［001］、［$1\bar{1}0$］、［111］が記されている。マイナス方向は、数字の上にバーを付して表すことになっている。結晶面は（h k l）で表される。立方格子では、方向［h k l］は面（h k l）に垂直である。(h k l)、［h k l］をミラーの指標（Miller index）という。

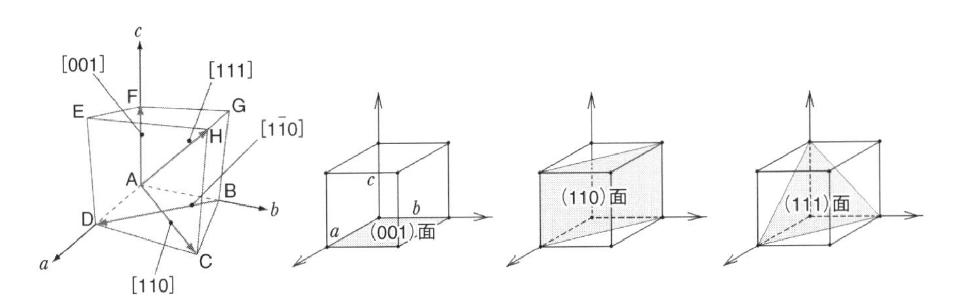

図 2.3 結晶面と方位

2.3 格子間位置──軽元素の侵入場所

体心立方構造は面心立方構造に比べて隙間が多い構造である。隙間に入る球の大きさを調べてみよう。図 2.4 に示すように、2種類の位置がある。(結晶を構成している金属）原子球の半径を R として、これらの隙間に入る球の半径を計算してみると以下のようになる。

O 位置（octahedral site、八面体位置）　$r_{oct} = 0.155R$

T 位置（tetrahedral site、四面体位置）　$r_{tet} = 0.291R$

ところで、銅、亜鉛、ニッケル、鉄など金属元素の原子の大きさはほぼ同じ程度（2.5 Å前後）で、合金を作る場合には正規の格子位置を占める。ところが、水素、炭素など軽い元素の原子半径は、下に示すように非常に小さい。

元素	水素	ホウ素	炭素	窒素	酸素
記号	H	B	C	N	O
原子半径*	0.46	0.97	0.77	0.71	0.60

*単位 Å（オングストローム＝10^{-10} m）

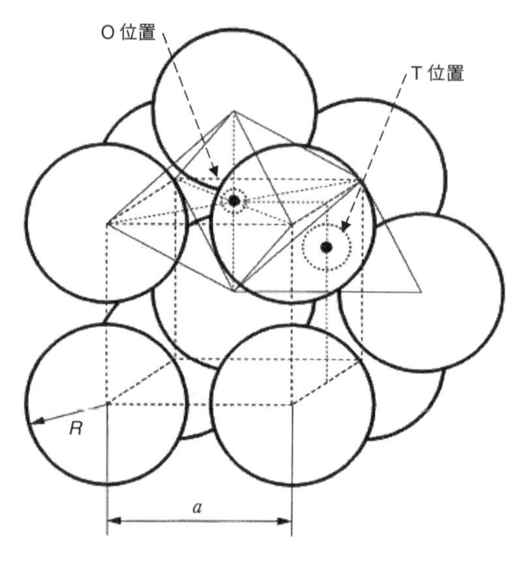

金属原子の半径　$R=0.433a$

O 位置　内接球の半径　$r_{oct}=0.155R$

T 位置　内接球の半径　$r_{tet}=0.291R$

a は格子定数

図 2.4　体心立方晶の格子間位置

金属原子の半径を R としたとき、O 位置、T 位置に入りうる球の半径。a は格子定数。

鉄の原子半径は 1.28 Å であるから最も小さい水素原子でさえも O、T 位置に入りうる球より大きい。ただし、上記の軽原子の半径は中性原子に対するもので、侵入型不純物原子のイオン化状態により変化する。水素の場合、電子を放出して H^+（プロトン）になっていることが多く、この場合の半径はきわめて小さい。興味深いのは、鉄中の炭素、窒素は、隙間の大きい T 位置ではなく O 位置を占有していることである。ホウ素は軽元素のうちでは寸法が大きく、置換型固溶をする[1]。

2.4　単結晶　多結晶　結晶粒界

この章のはじめに「原子の配列が広い範囲にわたって規則的であるものを結晶とよぶ」と述べた。ひとかたまりの金属において、原子がすべて同じ方向にそろった配列をしている場合、単結晶という。実際に使用されている金属材料は、単結晶であることはまれで、通常多くの結晶粒により成り立っている。その様子を図 2.5 に示した。結晶粒間の領域を結晶粒界という。材料の性質は、結晶粒の大きさ、粒界の現われかたに左右される。

このような材料の組織・構造は、切断面を平滑に研磨し、ある種の酸などで腐食（エッチング）（注 2）し、顕微鏡により観察される。場合によっては、特別の処理をしなくても見えることもある。

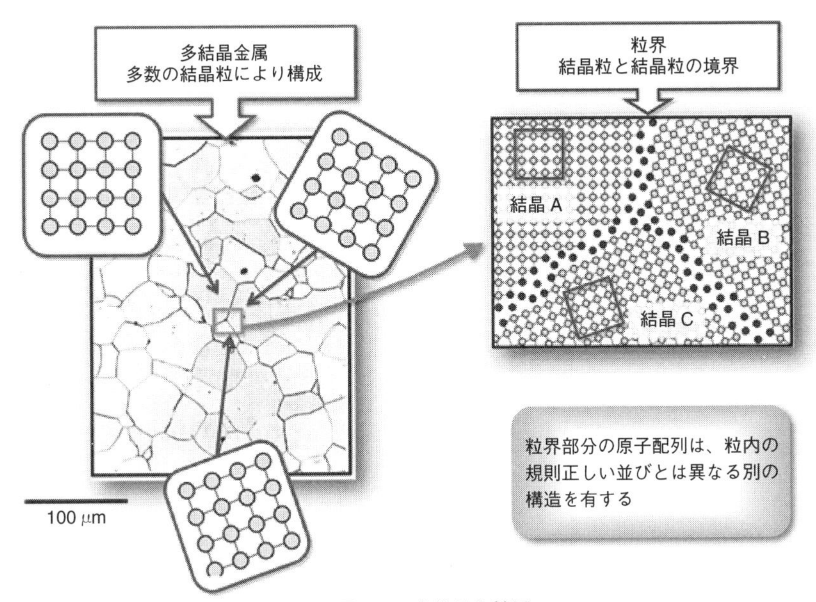

図 2.5　多結晶と粒界

[http://www.bnm.mtl.kyoto-u.ac.jp/outline/background.html]

図 2.6 は溶融メッキ（注 3）した鉄板、バケツの写真である。鉄は錆びやすいので、表面に亜鉛をメッキしたトタンが、バケツや屋根など水に濡れる場所によく使われる（1 章参照）。このように、結晶粒組織が肉眼でも観察できる場合がある。

図 2.6　溶解亜鉛メッキ鋼材表面の斑模様

（注 2）　腐食（エッチング）：平滑に研磨した金属表面を酸などの溶液に浸す操作をいう。この処理により、凹凸のついた表面になり、結晶方位、介在物の存在など微細組織についての情報が得られる。

（注 3）　溶融メッキ：溶融した亜鉛、スズなどの金属浴に鉄板を浸し、表面に付着させるメッキ法。

2.5 多形と同素変態

元素によっては、2つまたはそれ以上の結晶構造をとるものがある。このような性質を多形（polymorphism）という。

金属元素のうち、アルミニウム、銅、金などは温度が変化しても結晶構造が変わらないが、鉄、チタン、ウラン（U）などおよそ30種の元素は、温度により結晶構造が変化する。鉄とウランについて説明する。

（1）鉄　図2.7に示すように、低温での体心立方構造の鉄をα–鉄、次の面心立方構造の鉄をγ–鉄、最後の体心立方をδ–鉄とよぶ。一般に、温度の低いほうからα、β、γ…をつけてよぶ習慣がある。β–鉄が抜けたのは、770℃で強磁性から常磁性に移る磁気変態（magnetic transformation）があり、そこで磁気的性

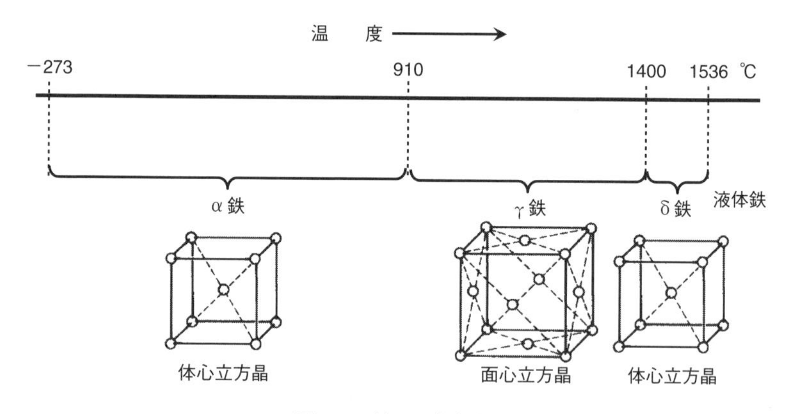

図 2.7　鉄の同素変態

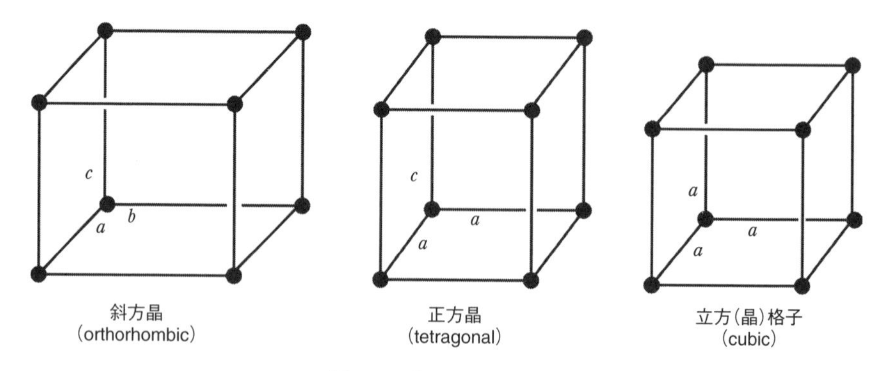

図 2.8　ウランの結晶構造

温度の上昇とともに　斜方晶 → 正方晶 → 立方晶　と変化する。

質その他に変化がみられたため、その変態点以下をα-鉄、上をβ-鉄とした。ところが、磁気変態は結晶構造上の変化ではないので、常磁性の体心立方構造の鉄を特別扱いにするのは誤りであり、“β-鉄”の呼称が捨てられ、αからγへ跳んでしまったのである。

(2) ウラン (U)　原子炉燃料であるウランも複雑な同素変態を示す。

$$\alpha\text{-ウラン} \xrightarrow{668\ ℃} \beta\text{-ウラン} \xrightarrow{774\ ℃} \gamma\text{-ウラン}$$

α-ウランは斜方晶型、β-ウランは正方晶型、γ-ウランは体心立方構造である(図2.8参照)。

α-ウランの範囲の温度で鍛造または圧延して作ったウラン棒は、同じ方位を持った結晶粒の集合――集合組織(texture)という――になる。α-ウランの熱膨張係数は結晶の方向により大きく異なるため、このようなウラン棒の温度を上げたり下げたりする（熱サイクル）と、元の長さの数倍に伸びる。これでは、原子炉燃料として不都合である。これを少なくするため、β-ウランになる温度に加熱し急冷して集合組織を壊し、ランダムな方位の粒の組織とする方法が提案された。完全とはいえないが、この方法により熱サイクルによる変形を少なくすることができた。

なお、現在燃料棒には、金属ウランでなく、二酸化ウラン（UO_2）が主に使われている。

文 献

[1] T. Nakajima, E. Kita, and H. Ino, J. Mater. Sci., 23 (1988) 1279-88.
井野博満：日本鉄鋼協会「鉄鋼材料の組織と特性に及ぼすボロンの影響」フォーラム (1990年4月) pp.22-31.
幸田成康：金属物理学序論、コロナ社、1964

3章

拡散と格子欠陥

コップの水にたらした1滴のインクは、水をかき混ぜなくてもいつしか広がって全体を淡く色づける。このことは、液体においては流れがなくても分子の移動——拡散が起こっており、たがいに混じりあうことを示している。原子が整然と配列している固体でも拡散は起こる。その仕組みは？　温度が高いほど、拡散が速いのはなぜ？

3.1　拡散——侵入型原子と金属原子の場合

図3.1に示すように、純鉄（Fe）の棒と炭素を含む鉄の棒を接合し高温に保持したとする。十分長時間経過すると炭素が拡散し、炭素濃度は均一になる。初期（時刻 $t = 0$）と無限時間経過（$t = \infty$）の中間の時間では、破線で示したような分布

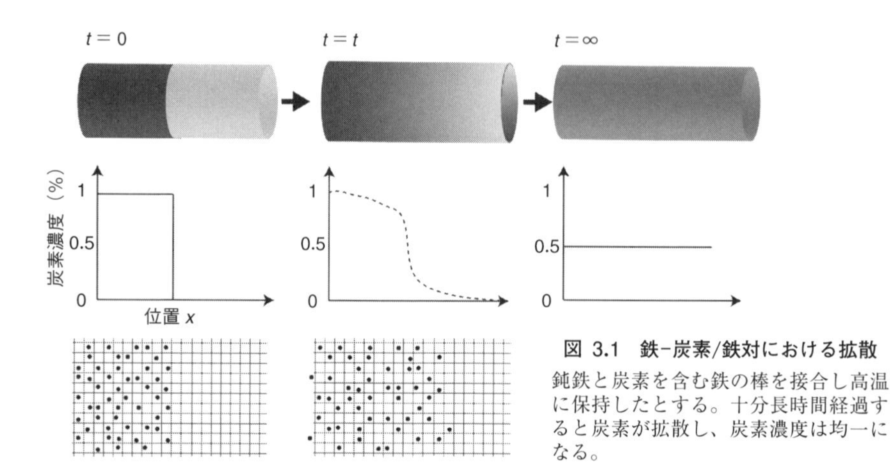

図 3.1　鉄−炭素/鉄対における拡散
純鉄と炭素を含む鉄の棒を接合し高温に保持したとする。十分長時間経過すると炭素が拡散し、炭素濃度は均一になる。

になると予想される。拡散開始前（$t = 0$）と開始してしばらくたったときの、炭素原子の分布は、図の下部に示したような状況になっている。なお、この図では鉄原子は描かれておらず、格子を組み「炭素原子が占める位置」を決める役割のみ負っており、炭素原子は、格子間位置を占めている。炭素原子の動きを考えるとき、鉄原子は静止したままでいると考えてよい。

図 3.2 は 2 種類の金属、たとえば銅（Cu）とニッケル（Ni）の試料の表面を密着して高温に保持した場合の様子を示している。時間の経過とともに、2 種の原子がしだいにたがいに相手側に入り込み、濃度は一様化しようとする。しかし、原子がぎっしり詰まった結晶中で、原子はどうやって動くのであろうか？

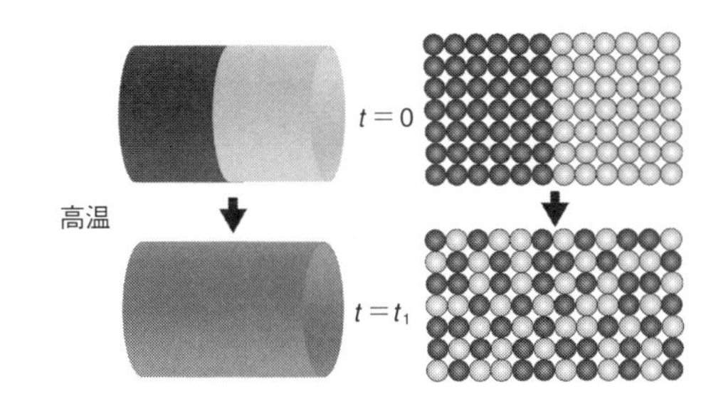

図 3.2　固体内の拡散

A/B 対における拡散：物質 A と物質 B の界面近くで A 原子は物質 B 側へ、B 原子は物質 A 側へと流れ込み、物質 A と物質 B が混合する。原子が整然と配列している固体では、気体や液体に比べると原子は動きにくいが、固体でも拡散は起こっている。

たぶん、皆さんは数字スライドパズルで遊んだことがあると思う。図 3.3 に示したように順繰りにタイルを動かして、数字を順番に並べかえる遊びだ。原子がぎっしり詰まった固体の結晶でも、実は原子が占めていない場所――空孔がある。その

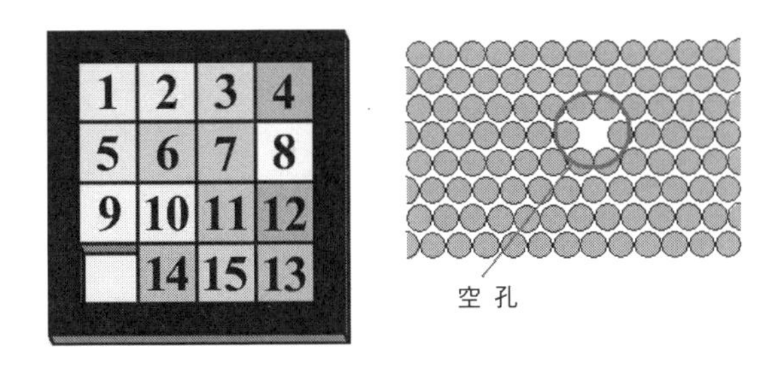

図 3.3　数字スライドパズル

固体内の原子が動けるのは、空孔があるからだ。数字スライドパズルと事情は同じ !!

数は、室温ではとても少ないが、温度が高くなるにつれて増加し、融点付近では 10^{-4}（原子１万個あたり１個）程度の割合になる。

3.2　結晶には欠陥がある――格子欠陥

前の章で金属は結晶である――原子配列には広い範囲にわたる規則性がある――と述べた。たとえば、碁盤の格子点にきちんと碁石を並べたような構造が結晶中の原子配列を表しているものと考えてよい。しかし、実在の結晶中の原子配列は完全無欠ではなく、各種の不完全性・乱れを含んでいる。これを格子欠陥とよぶ。「欠陥」というと、いかにも不良品という響きがある。しかし、まさにその格子欠陥があるがために結晶がいろいろ興味ある性質を示し、実用的にも有用となっている面がある。格子欠陥はその空間的広がりに応じて、点欠陥、線欠陥、面欠陥に分類される。ここでは点欠陥について述べる。

点欠陥

図 3.4 に各種の点欠陥を模式的に示した。正規の格子点にあるべき原子が抜けている原子空孔（注 1）(a) と格子間原子（b）が基本的な点欠陥である。(a) を空

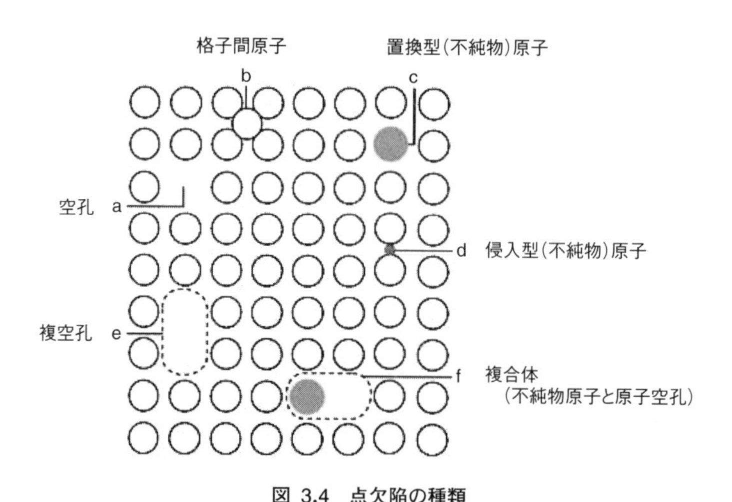

図 3.4　点欠陥の種類

（注 1）　空孔の濃度の温度依存性は $\exp(-E_f/kT)$ で表される。E_f は形成エネルギー、k はボルツマン定数、T は絶対温度（K）である。なお、空孔の形成エネルギーは、金属の融点にほぼ比例する。融点が低い金属ほど同一温度（たとえば室温）での空孔の数は多く、拡散が速い。鉛、アルミニウムは銅や鉄に比べて融点が低いので、室温でいろいろな材質の変化が起こりやすい。

(くう) 格子点という場合もある。結晶中にある異種の原子 (不純物) も点欠陥の一種である。母体結晶の原子とあまり大きさが変わらない原子は置換型原子 (c)、水素・炭素・窒素・酸素など原子半径が小さい原子は侵入型原子 (d) となる。これらの要素的な欠陥が結合した複合欠陥として、複空孔 (e)、不純物原子と原子空孔の複合体 (f) などがある。格子間原子は、中性子などの放射線照射によって形成される。

3.3　拡散係数の大きさと温度依存性

拡散現象は、ドイツの研究者フィック (Fick) の名前を冠した式により記述される。〈コラム〉に記したので、必要な場合は参照していただくことにし、ここでは拡散の速さを表す拡散係数に注目しよう。

拡散係数 D の単位は m^2/s である (注2)。これは直観的には理解しにくいので、時間をかけて平方根にした量、$\sqrt{Dt}$ に注目することにしよう。この量の次元は長さ (m) で、拡散係数が D である場合に t 秒の間に粒子が移動する平均の距離の目安を示している。たとえば空気中の微粒子の拡散係数は $10^{-5}\ m^2/s$ であり、1日 (8.64×10^4 秒) の移動距離は1～2 m くらいである。部屋の片隅に置かれた花の香りがもう一方の隅に届くには1カ月程度もかかる計算になる。実際にはそんなことはないから、(拡散という微視的な分子の移動よりは) 風や対流など巨視的な流れが香りの輸送を担っているのであろう。

拡散係数の温度依存性はアレニウス (Arrhenius) 型の式で表される。

$$D = D_0 \exp(-E_D/kT)$$

鉄中の鉄、炭素などの拡散係数の測定結果を図3.5に示した。

前指数因子 D_0、および拡散の活性化エネルギー E_D の値 (kJ/mol および eV) を下表に示す。

元素	bcc 鉄 (<1183 K)			fcc 鉄 (>1183 K)		
	D_0 (m^2/s)	E_D		D_0 (m^2/s)	E_D	
		kJ/mol	eV		kJ/mol	eV
鉄	1×10^{-4}	294	3.05	8.9×10^{-5}	291	3.02
炭素	3.94×10^{-7}	80.3	0.83	4.7×10^{-5}	155	1.61

(注2)　cm^2/s (cgs 単位) で表している場合も多い。$1\ m^2/s = 10^4\ cm^2/s$

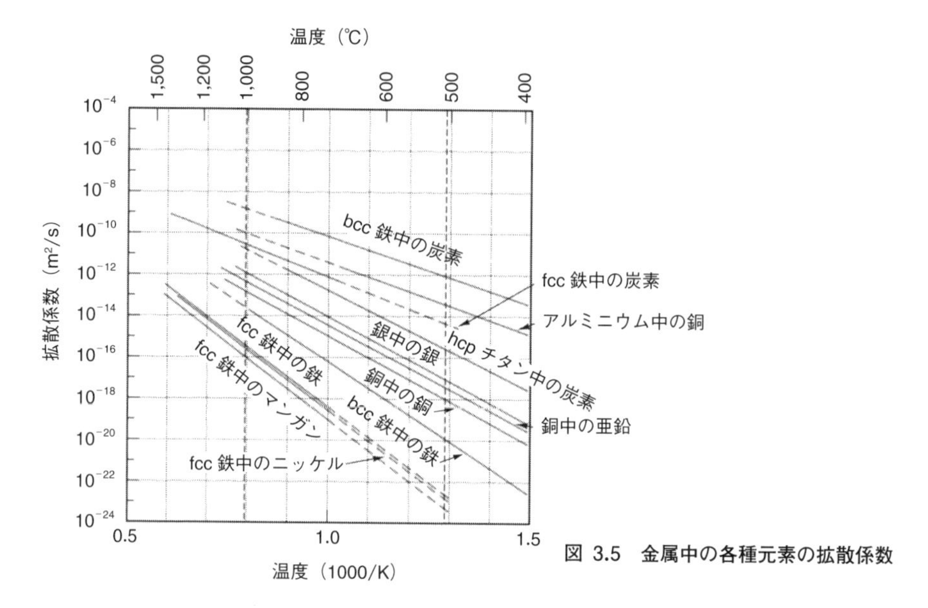

図 3.5　金属中の各種元素の拡散係数

この図において注目すべきことを指摘しておこう。

- 格子間位置に固溶する炭素原子は、鉄原子の拡散に比べて非常に速く（10^5〜10^8倍）拡散する。
- 鉄の自己拡散は、bcc 相のほうが fcc 相中より速い。一般に、密に詰まった相より、疎である相中の拡散が速い。なお、自己拡散（鉄中の鉄のような）は、放射性元素を用いて測定される。
- 鉄中のほかの金属元素、ニッケル、マンガンの拡散係数は、母体元素である鉄原子の拡散とほぼ同じ程度の速さで拡散する。
- なお、α−鉄は 1043 K にキュリー温度があり、それ以下では強磁性、以上では常磁性になる。常磁性のほうが拡散が速く起こる傾向がある。

3.4　自己拡散　放射性元素を用いて拡散係数を求める

物体を構成している原子あるいは分子は、相互に絶えず位置を交換している。区別できない粒子の集団において、実際にそのような動きが起こっていることを示したのは、ヘヴェシー（George Hevesy）による放射性同位元素を用いた実験であった。彼は 1920 年代に、天然の放射性同位元素（radioactive isotope）鉛 210 と鉛 212 を用いて液体および固体鉛中の自己拡散係数を測定した。ヘヴェシーは［化学反応におけるトレーサーとしての同位体の研究］により 1943 年度のノーベル化学

コラム　拡散方程式とその解　拡散係数の測定法

物質中の濃度が一様でないとき、時間とともに一様化が起こる。その濃度変化を記述する式は1855年、フィックによって導かれた。彼は熱伝導に関するフーリエ（Fourier）の理論（1822）「熱の流れは温度勾配に比例する」と同じように考えることができるとして、拡散方程式を導いた。溶質原子の流れJは濃度勾配に比例すると仮定し、

$$J = -D\frac{\partial c}{\partial x}$$

を与えた。この式はフィックの第一法則とよばれている。ここで、

J：溶質原子の流束（単位時間当たり単位面積を通過する原子数）
D：拡散係数 m^2/s
c：単位体積に含まれる溶質原子の数。原子数/m^3

拡散係数Dの大きさを求めるには、ある時間経過後の濃度分布が必要である。濃度分布は次の微分方程式（フィックの第二法則）を解いて得られる。

$$\frac{\partial c}{\partial t} = D\frac{\partial^2 c}{\partial x^2}$$

〈拡散係数の求め方〉

棒状の試料の一端に物質Bのごく薄い層をつけて一定時間（t）保持した後のBの濃度分布は次の式で与えられる。

$$c(x, t) = \frac{M}{\sqrt{\pi D t}}\exp\left(-\frac{x^2}{4Dt}\right)$$

ここで、Mは物質の総量、Dは拡散係数である。たとえば、放射性同位元素を試料の一端から拡散させ、適当な拡散時間後に順次切断して各切片に含まれる放射能を測定すれば、侵入曲線（penetration curve）が得られる。

上の式の両辺の対数をとると次式のようになる。

$$\ln c(x, t) = \ln\frac{M}{\sqrt{\pi D t}} - \frac{x^2}{4Dt}$$

すなわち、縦軸に濃度の対数を、横軸を端からの距離の2乗にとってプロットすれば、勾配から拡散係数が求まる。

賞を受賞している。また、周期表の72番目の元素であるハフニウム（Hf）の発見者としても化学史に名前を残している。

1940年代以降、原子炉や加速器などを用いて人工的に放射性同位元素が作られるようになり、多くの金属について拡散係数が測定された。たとえば銅の場合、天然の銅は安定同位元素、銅63（69%）と銅65（31%）よりなる。銅63を原子炉で照射すると、中性子を吸収して銅64が生成される。銅64は半減期12.8 hでγ線を放出し崩壊する。その強度を測定することにより、銅64の濃度を求めることができる。一般に放射線計測は化学分析より何桁も感度良く微量の元素濃度を決定できるので、拡散実験に好適である。

コラム　「拡散」という用語に気をつけよう

(1)「拡散」という用語は、しばしば「核」を伴って、新聞などに現れる。「核拡散」とはなにか？『デジタル大辞泉』には以下のように記してある。

> 現に核兵器を保有している国以外に、核兵器やその原料となる核物質を保有する国や組織・勢力が増えること。

このことに関連して“核拡散防止条約”が制定されている。正式には、核兵器の不拡散に関する条約（Treaty on the Non-Proliferation of Nuclear Weapons、略称：NPT）といい、米国、ロシア、イギリス、フランス、中華人民共和国の5カ国以外の核兵器の保有を禁止する条約である。

日本語で「拡散」と訳されている英単語はproliferationであって、この章の主題である原子の動きに関して用いられるdiffusionではない。英英辞典でproliferationを引いてみると以下のようであった。

1. growth by the rapid multiplication of parts（急速な増殖による成長）
2. a rapid increase in number（急速な数の増加）

(2)「…拡散させて頂きます」、「拡散してください」

「（皆さんに）お知らせします」あるいは「周知してください」の意味で「拡散」がよく使われている。しかし、学術的な意味で用いる「拡散」（diffusion）は、溶液などの媒体をかき回したりせず、そっとしておいて、自然に広がる現象を意味している。最近の日常用語でのイメージとは異なることを指摘しておきたい。

文献

小岩昌宏、中嶋英雄：材料における拡散、内田老鶴圃、2009

L. H. Van Vlack: Elements of Materials Science and Engineering, 4th ed., Addison-Wesley Publishing CO., Inc., Reading, MA, 1980

4章

組織形成とその変化
凝固　加工　再結晶

金属製品の大部分は、溶融金属を鋳型に注いで冷却凝固させた鋳塊（インゴット）から作られる。凝固の際に作られた鋳造組織の微細構造（不均一性や欠陥）は、後々の材料特性にまで影響することがある。凝固はどのように進み、どのような「組織」が形成されるであろうか？

金属は、鍛造、圧延、押出、引抜などにより様々な形状に塑性加工することができる。加工により材質、組織は変化する。原子の動きが活発になる温度まで加熱すると、再結晶して、加工前の材質、組織を取り戻す。

4.1　溶融金属の凝固過程

溶けた金属が固まるとき、単一の結晶になるわけではない。多数の結晶粒が不規則な石垣のように集合したものができる。それは、溶融金属が冷却して融点に達したとき、結晶の核（nucleus）ができ、それが成長して、隣の核から成長してきた粒とぶつかり、成長が停止するというような過程によってできる。図4.1はその様子を模式的に描いたものである。核ができるのは、融点に達したときではなく融点より少し温度が下がって、過冷却（super-cool）の状態になったときである（図4.2）。過冷の程度は金属により異なり、アンチモン（Sb）では著しいが、アルミニウム、銅などではきわめてわずかである。

タンマン（G. Tammann）は有機物（ベンゾフェノンなど）を用いて観察を行い、核形成――成長という過程を経て凝固が進行することを見出した。しかし、凝固の進み方は物質によって異なる。非金属物質の場合、いかにも結晶らしいきれいな表面で成長し、いくつかの平面の組み合わさった多面体となる。このような凝固形式

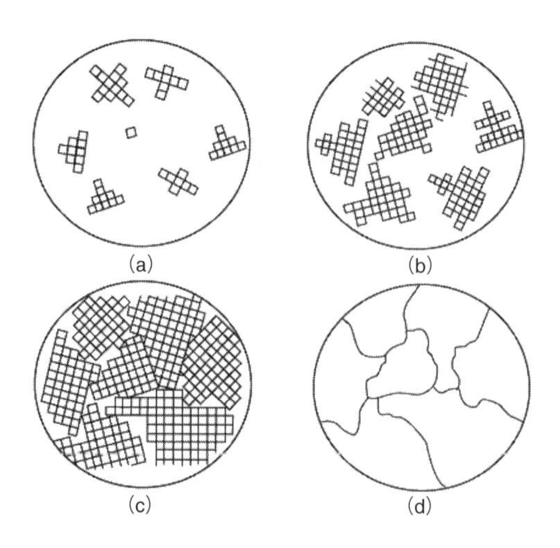

図 4.1　金属の凝固過程
(a) 固相の核形成、(b) 粒成長、(c) 粒のぶつかり合い、(d) 顕微鏡で観る粒組織
[https://www.nde-ed.org/EducationResources/CommunityCollege/Materials/Structure/solidification.htm]

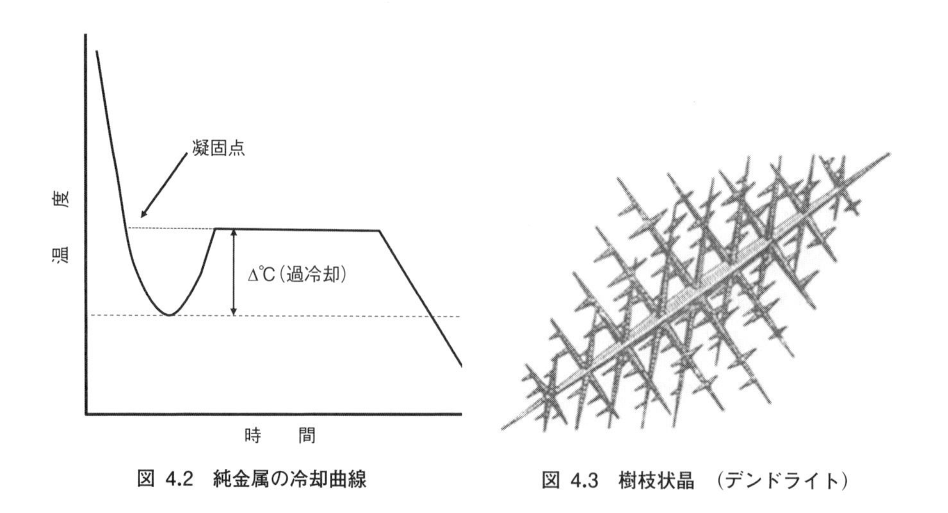

図 4.2　純金属の冷却曲線

図 4.3　樹枝状晶 (デンドライト)

をファセット凝固（結晶面凝固といってもいいかもしれない）といい、水晶や氷砂糖が代表例である。これに対し、金属においては凝固が進行中の固相は、図 4.3 に示すように、幹と枝をもっており、幹や枝がそれぞれ伸び太ることによって中間の液体部分を固体に変えてゆく。これを樹枝状晶（dendrite）とよび、このような凝固の仕方を樹枝状凝固とよぶ。1 つの核から成長した幹や枝はすべて特定の結晶方

向（鉄、銅、アルミニウムのような立方構造の金属の場合には［100］方向）に沿って成長するので、最後には1つの共通の方向をもった結晶粒になる。

図4.4は、金型に鋳造したアルミニウムインゴット（約5cm幅）である。金型壁と接触している液体は比較的急速に凝固し、微細な等軸晶（すべての方向に等しい速度で成長する）組織になる。このゾーンを「チルゾーン」とよぶ。ついで、粒は最大熱流の方向である中心に向かって成長し、柱状晶となる。凝固が進むにつれて柱状構造は粗大化する。中心にも「等軸晶」の部分が現れることがある。これは、液体表面で核形成される粒子、または鋳型壁から凝固する金属の破片から生じるものである。このように、鋳造した金属塊は、同じ溶融物から成長したもので、化学的に同じであっても、個々の領域（粒）での原子配列の様子は異なっており、機械的性質は異なっている。したがって、鋳込んだものがそのまま最終製品となる鋳物は別として、鋳塊は鍛造加工して鋳造組織を壊し、再び加熱して再結晶させてから用いることが多い。中央のパイプ（空洞）は、凝固する際の液体の収縮によるものである。

なお、溶融金属を凝固させ、室温まで冷却すると体積変化が起こる。各種の金属について体収縮率を表4.1に示した。ビスマス（Bi）、アンチモン以外の金属は凝固時に数%収縮するため、空洞や収縮割れを生じやすい。鋳造により製品を作る場合には、収縮分の溶融金属を補給するために鋳型上部に湯だまりを作る。これを押し湯という（“湯”は熱い液体、すなわち溶融金属の意味）。

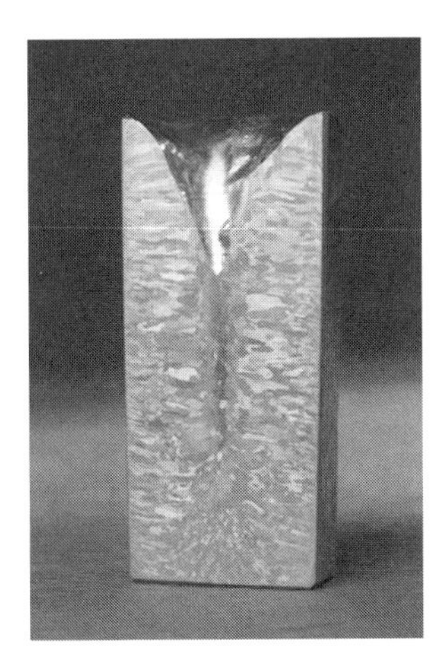

図 4.4　金型に鋳込んだアルミニウムの鋳造組織
［https://www.phase-trans.msm.cam.ac.uk/2001/slides.IB/DSC_0071.GIF］

表 4.1　金属が液体から固体に相変化する際の体積変化

元素		溶融点（℃）	凝固時体収縮率（%）	凝固後体収縮率（%）	全体収縮率（%）
Sn	スズ	232	2.90	1.40	4.30
Bi	ビスマス	271	−3.20	1.01	−2.31
Pb	鉛	327	3.44	2.63	6.07
Zn	亜鉛	419	4.50	3.84	8.34
Sb	アンチモン	631	−0.95	2.10	1.05
Al	アルミニウム	660	6.60	5.50	12.10
Cu	銅	1083	4.05	5.97	10.02
Fe	鉄	1536	4.40	5.98	10.38
Ag	銀	960	5.00	5.83	10.83
Au	金	1063	5.17	4.50	9.67

4.2　偏析――二元合金の凝固

溶融金属が純金属でなく、合金元素（あるいは不純物元素）を含む場合には、凝固の様子が大きく変わる。図 4.5 は液体でも固体でも完全に溶けあう合金の状態図である。この図で組成が x である合金を温度 T_1 からゆっくり冷却したときの凝固過程を説明する。冷却中に経過する各温度で平衡状態にあるようにゆっくり冷却する。合金 x が温度 T_2 に達したとき、ちょうど液相線上の l_2 に達する。このとき、l_2 と平衡関係にある組成 s_2 の固溶体が晶出する。s_2 は l_2 より成分 B が少ないので、s_2 を晶出すると液体中の B 濃度は増えることになる。温度がしだいに下がって固溶体の晶出を続けると、晶出する固溶体は常に液体よりも B の濃度が低いから、残っている液体の B 濃度はしだいに高くなる。このようにして残液の濃度は l_2–l_3 の液相線に沿って変化する。温度 T_3 になったとき、液体の組成は l_3 になっており、そのとき晶出する固体の組成は s_3 である。冷却が十分ゆっくり行われるときには、最初に晶出した濃度 s_2 の固溶体も、液体との間の拡散によって濃度が変化し、温度が T_3 になったときには濃度が s_3 になっている。したがって、温度が T_3 になったとき存在する固溶体は全部濃度 s_3 になっている。さらに温度が下がると、液体は l_3–l_4、固体は s_3–s_4 に沿って濃度が変化し、温度が T_4 になったとき、固溶体 s_4 を晶出して凝固し終わる。このように、十分ゆっくりと冷却したときには、T_4 という温度に達して凝固が終わったときの固溶体の濃度は全部均一で s_4 の濃度、すなわち最初の合金の濃度 x になっている。

上に述べた場合は平衡を保ちつつ十分ゆっくりと冷却した場合であるが、冷却の速度が速いと拡散の速度がこれに伴わず、平衡の濃度より少しずれた濃度をたどりながら冷却する。すなわち、図 4.5 において、ゆっくり冷却した場合は固相の濃度は固相線 $s_2 \to s_3 \to s_4 \to s_5$ に沿って変化するが、冷却速度が速いと固相の濃度はこれよりも低く、$s_2 \to s_3' \to s_4' \to s_5'$ の経路をたどって変化し、凝固過程の温度範囲も T_2–T_5 となり、十分ゆっくり冷却したとき（T_2–T_4）よりも大きくなる。

拡散が不十分なときには、早く晶出した結晶の表面だけが拡散により濃度が増加し、新しく晶出した濃度の高い部分がそれを包んでいくため、1つの結晶粒の中心から外へ向かって濃度が少しずつ変化する。以上から凝固組織は均質ではなく、結晶中心と周辺で組成が異なる、この組成不均一性を偏析という（図 4.6）。偏析は凝固区間の温度範囲が大きい合金ほど顕著になる。このような組織は平衡状態に達していないから、凝固後高い温度で加熱すると拡散により、均一化する。加熱前に塑性加工しておくと、均一化は加速される。

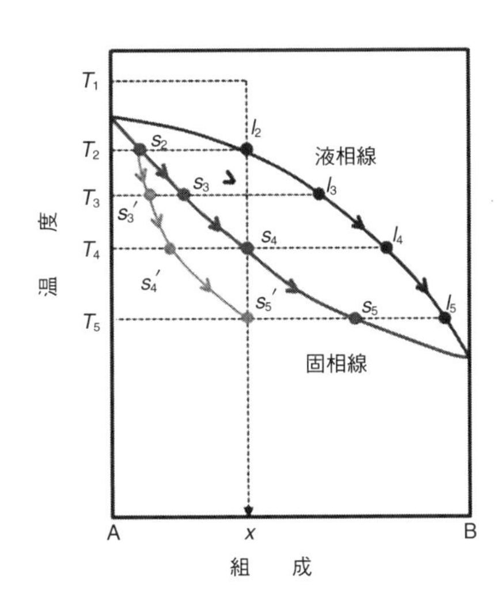

図 4.5　AB 2 元合金状態図
冷却過程における液相と固相の濃度変化。

4.3　帯域溶融精製（ゾーン精製）

上で述べた固溶体の非平衡凝固という現象は、帯域溶融（zone melting）法という実用上非常に重要な技術に利用されている。図 4.7 のような状態図をもった系について考えることにしよう。

次式により定義される分配係数（distribution coefficient）

$$k = \frac{\text{固相中の溶質濃度}}{\text{液相中の溶質濃度}} = \frac{c_0}{c} = \frac{c}{c_1}$$

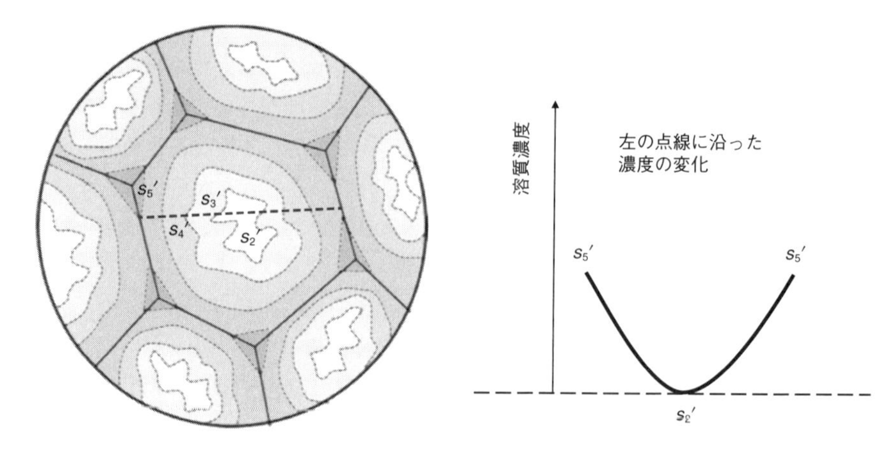

図 4.6　溶質原子の偏析

溶質原子濃度は中心部でもっとも低く（s_2'）、外側へ行くほど増加し、最終凝固部の s_5' がもっとも高くなる。

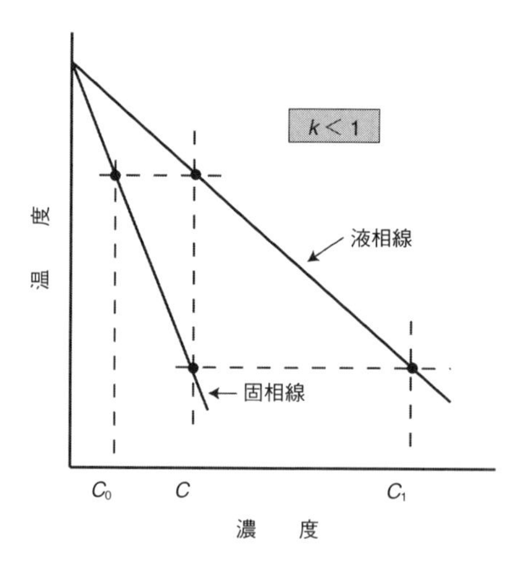

図 4.7　分配係数

は1より小さく、平衡状態では固相のほうが液相よりも常に純度が高い（溶質濃度が低い）。そこで、図 4.8 に示すように、適当な移動炉を用いて、このような合金の長い棒の端のごく一部を溶かし、その溶融帯（ゾーン）を動かしていくとしよう。はじめは溶質濃度 c は棒全体にわたって一様であるとする。液相中の溶質濃度は晶出する固相の濃度より大きいから、溶質は左から右へはき寄せられる。溶融帯を1回移動させたのちには、起点となる端はおよそ k 倍に純化され、中央部はあまり影響されず、終点では不純物濃度が上がる。こうして溶融帯を同一方向に繰り返して移動させることにより、純化される部分の長さは長くなり、純度も向上する。この方法は、トランジスタなど電子部品に用いられるケイ素（Si）やゲルマニウム（Ge）を精製するのに利用される。ケイ素中の分配係数を数種の不純物元素について記しておく。

元　素	記号	分配係数
ホウ素	B	0.8
アルミニウム	Al	＞0.004
ガリウム	Ga	0.01
インジウム	In	5×10^{-4}
リ　ン	P	0.35
ヒ　素	As	0.3
アンチモン	Sb	0.04

分配係数 k が 1 に近いホウ素は、この方法では除去するのが難しい。

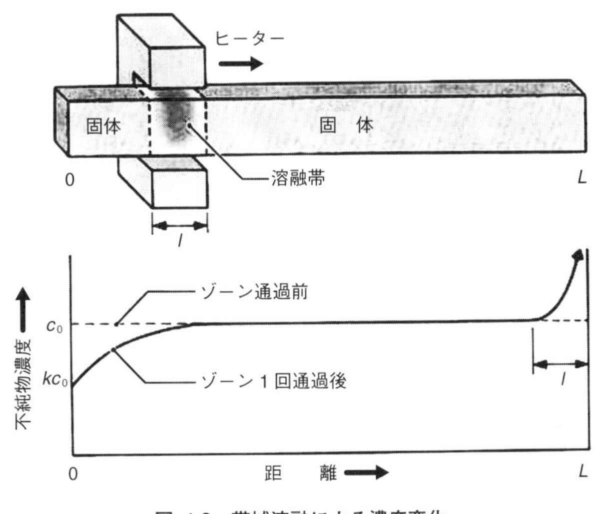

図 4.8　帯域溶融による濃度変化

4.4　金属の塑性加工法

この章のはじめに述べたように、金属製品の大部分は溶融金属を凝固させた鋳塊から作られる。鋳造したままの形状で最終製品となり、使用されるものもあるけれど、大部分はいろいろな方法で加工され、形を変えて使用される。図 4.9 に代表的な加工方法を模式的に示した。以下簡単に解説する。

鍛造（forging）　金属をハンマー等で叩いて圧力を加えて、金属内部の空隙をつぶし、目的の形状に成形する。古くから刃物や武具、金物などの製造技法として用いられてきた。

圧延（rolling）　2つあるいは複数のロール（ローラー）を回転させ、その間に金属を通すことによって板・棒・管などの形状に加工する方法。

押出（extrusion）　耐圧性の型枠に入れられた素材に高い圧力を加え、一定断面形状のわずかな隙間から押出すことで求める形状に加工する方法。

引抜（線引ともいう）**加工**（drawing）　金属材料を、先細りのダイス穴を通して引張り、所望の断面形状の細長い製品とする加工法。管、棒、線などの製造に適用される。

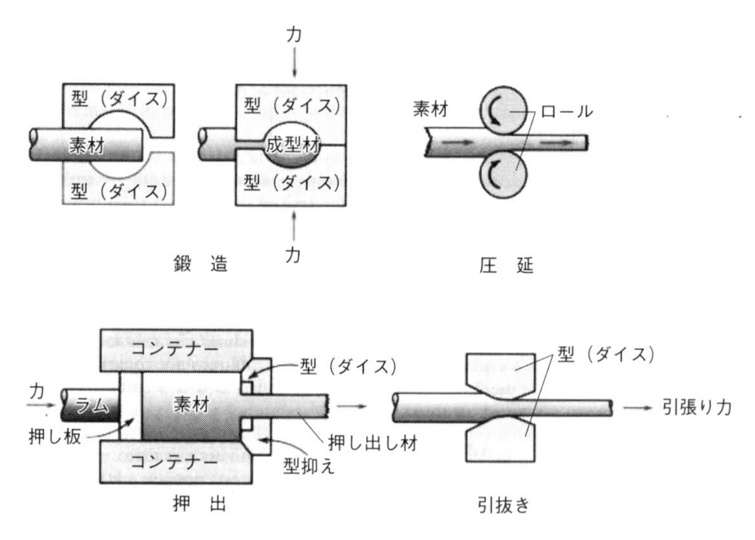

図 4.9　代表的な加工方法

4.5　金属の加工と熱処理による組織変化

金属部材の形状を変える――塑性加工――には力を加えなければならない。それに要した仕事(＝力×変位)＝エネルギーの一部は熱となって散逸するが、残りはその部材に蓄積されている。それを蓄積エネルギー（stored energy）という。言い換えると、塑性加工された部材はひずんでおり、エネルギーが高い状態にある。塑性変形によって導入された転位（7章）などの格子欠陥がひずみエネルギーの担い手である。塑性加工された状態は、それ以前のアニールされた（焼きなまされた）状態（annealed state）に比べて硬くなっており、それをさらに変形するにはより大きな力を加える必要がある。これを加工硬化（work hardening）という。

塑性加工した部材を加熱していくと、しだいに原子の動きが活発になり拡散（原子が移動）が起こって、融点よりはるかに低い温度、すなわち固体状態において、新たな（ひずみのない）結晶粒が核発生して成長し、やがて部材全体が新たに生まれた結晶粒で埋め尽くされる。この過程を再結晶（recrystallization）とよぶ。新たな粒の発生（再結晶の開始）が確認できる以前にも、転位の再配列など微視的な変化は起こっており、そのことによる性質の変化が認められるので、これを回復（recovery）とよんでいる。

図 4.10 には、圧延ロールによる加工で、結晶粒の形状が変化した部材において、その後の加熱による回復、再結晶、粒成長の様子と、性質（硬さと伸び）の変化を定性的に図示している。

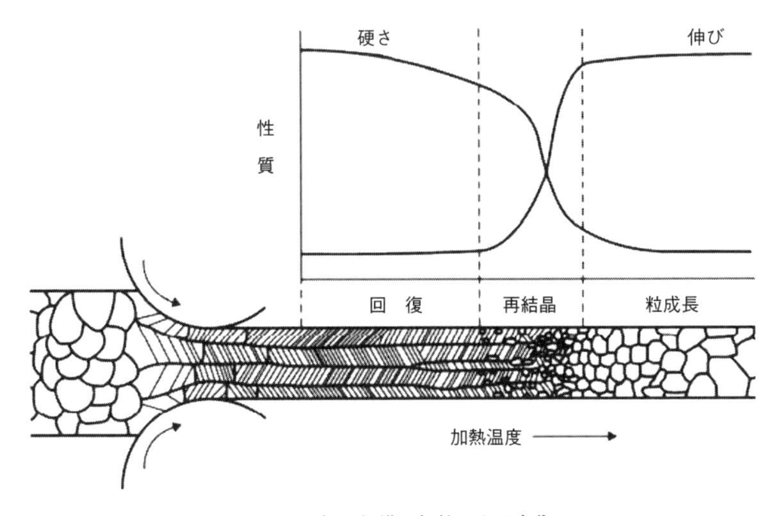

図 4.10　加工組織の加熱による変化

4.6　溶接と熱影響部

上述の成形加工方法（図 4.9）と並んで工業的に重要な加工方法が溶接である。一例としてシールドガスを用いる溶接方法を図 4.11 に示した。溶接する際、溶接棒（溶加棒）から金属が追加されるので、溶接部は母材と異なる組成になる。また、その周辺部は溶接作業により融点近くまで加熱されるため、組織が変化する場

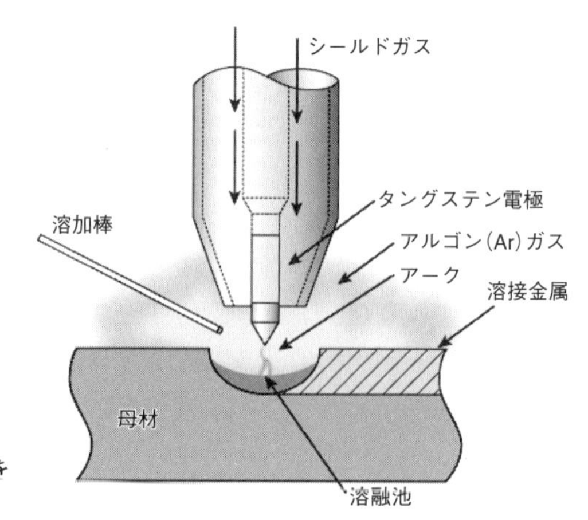

図 4.11 シールド（保護）ガスを用いる溶接

合がある（図 4.12）。このため、溶接により建造された構造物の性質は、母材、熱影響部（heat affected zone: HAZ、「ハズ」と読む）、溶接金属部（weld）がそれぞれ異なる可能性がある。このため、原子炉圧力容器材の監視試験片を採取する際には、母材とハズのそれぞれから試験片を採取する。

●溶接金属部
母材または母材と溶加材が溶けた部分。
溶接金属は母材とは性質が全く異なり、条件によっては伸びや靭性、耐食性が劣化する。
●ボンド部
溶接金属と熱影響部との境界部。
●熱影響部
ボンド部に隣接した熱影響によって母材の組織が変化した部分。
熱影響部は高温に加熱され、硬さの増加、伸びの低下、結晶の粗大化、靭性の低下等が起こる。

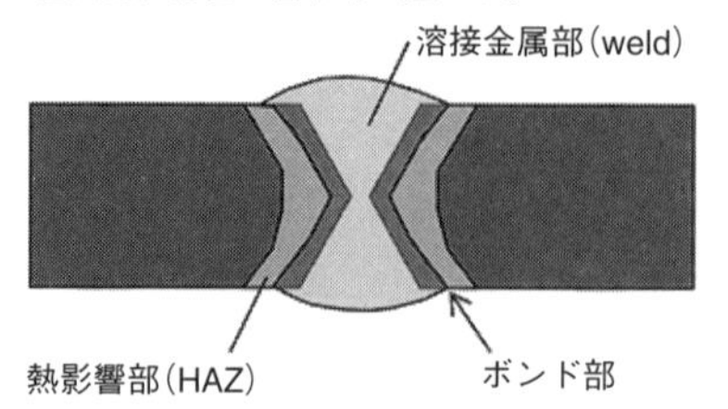

図 4.12 溶接部の断面組織
［https://www.nsst.nssmc.com/technology/joining/joining01/joining0102/］

文 献

新山英輔：金属の凝固を知る、丸善、1998
矢島悦次郎、市川理衛、古沢浩一：若い技術者のための機械・金属材料、丸善、1967
A.H. コットレル（著）、木村宏（訳）：コットレルの金属学〈上、下〉、アグネ、1969-1970

コラム　フランス発の原子炉鋼材の強度不足疑惑

2016年、フランスで18基（運転中は全58基）の原発が機器鋼材の強度不足疑惑で停止した。そのうち12基で日本鋳鍛鋼社製の部材が使われていた。発端は、2014年、建設中のフラマンビル3号機の原子炉容器上蓋の頂部に炭素偏析があり強度不足だったことである（図4.13）。その報告を製造メーカのアレバ社から受けたフランス原子力安全局（ASN）は、供用中の原発についても調査を指示し、その結果、多数の原発で蒸気発生器などの部材で基準を超える炭素偏析＝靭性低下の疑いが明らかになった。炭素偏析は蒸気発生器水室でも見つかった。

炭素偏析とは炭素濃度の高い場所ができてしまうことである。図4.5で説明したように、鋳造の際の冷却速度が大きいと、溶質（この場合は炭素）の濃度が均一にならず、後から凝固した部分、すなわち鋳塊（インゴット）の中心部や上方に炭素濃度が高くなる。こうした部分は切断除去し、均一な部分を製品製造に用いる。その切断除去した量が不十分だったという初歩的なミスである。

フランスで許容されている原子炉圧力容器の炭素濃度の上限は0.22％であるが、トリカスタン原発1・3号炉の調査で蒸気発生器水室（日本鋳鍛鋼製）から0.39％という高い濃度偏析が見つかったという。日本鋳鍛鋼が原子力規制委員会へ提出した調査結果報告によれば、鋳塊上部の炭素偏析部分の除去が不完全であったようである。日本が得意と称してきた材料技術の信用を大きく損なう事件である。

なお、この場合「強度不足」は、引張り強度が不足するという意味ではなく、靭性が不足する（脆（もろ）くなる）という意味で使われている。

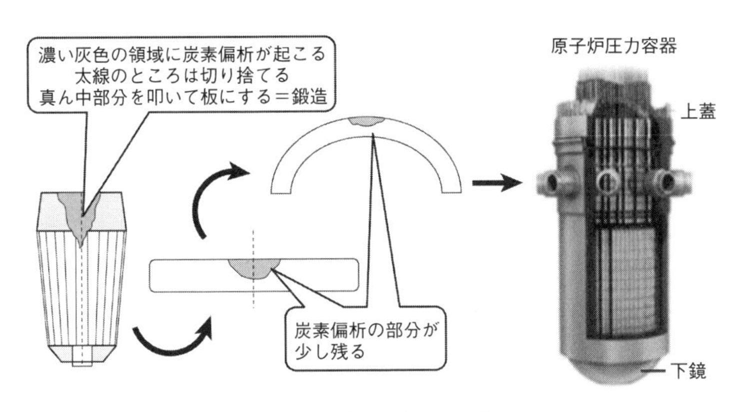

図 4.13　炭素偏析のでき方

原子力規制委員会資料の図を利用して作成。

5章

鉄 と 鋼

数ある金属の中で鉄はもっとも大量に、またいろいろな用途に使用されており、「産業の米」という言葉があるほど欠かせない重要な金属である。大部分の金属は、その金属を酸化物などの形で含んでいる鉱物を製錬して取り出される。この章では、金属の代表として鉄を取り上げ、鉄鉱石からどのように取り出され、どのように加工されるかを述べる。さらに鋼の組織と強度についても述べる。

5.1 鉄 と 鋼

最初に、「鉄と鋼」という言葉について述べておこう。図 5.1 に鉄と炭素（C）の状態図を示した。固体の状態で鉄に炭素が入りうる（溶け込むことができる：固溶という）濃度の最高は約 2%で、状態図上ではそれ以下のものを「鋼」、それ以上のものを「鋳鉄」とよぶ。しかし、通常は圧延、鍛造などの加工ができるものを鋼と呼び、その炭素含有量は 1.2%以下である。一方、炭素を 2%以上含む鋳鉄は、炭素を固溶した鉄とセメンタイト（Fe_3C）からなり、脆（もろ）いけれども融点が低いので鋳型に流し込み鋳物（いもの）として製品化される。鉄の融点は 1536 ℃で、炭素が溶け込むと融点が下がり、最も低いところが「共晶点温度」1147 ℃である。

後で述べるように、現代においては、鉄は高炉で鉄鉱石を還元して生産されている。高炉で生産される鉄を銑鉄（せんてつ、pig iron）とよび、銑鉄を生産するプロセスのことを製銑（せいせん）とよぶ。古くは銑（ずく）と呼ばれた。銑鉄は通常、炭素 3～4%、ケイ素 0.5～1.4%、マンガン 0.2～1.0%、ほかに不純物としてリンなどを含む。英語名 pig iron は、18 世紀頃溶銑を流して鋳造した鋳塊の形がブタに似ていたことに由来する。

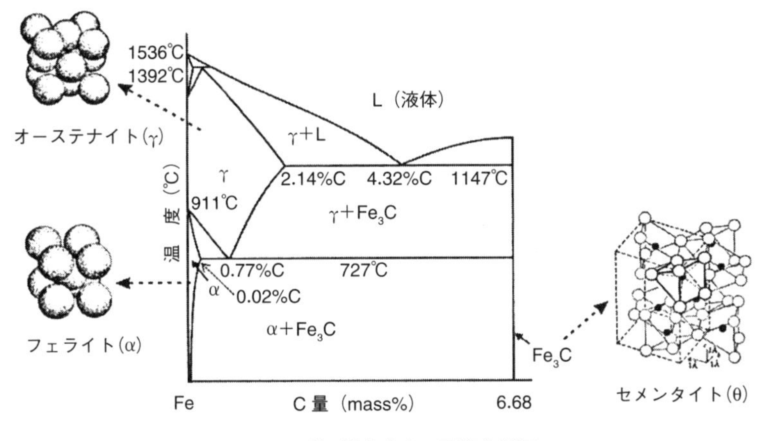

図 5.1　鉄-炭素合金の平衡状態図

「銑鉄」は炭素やその他の不純物を除去する工程──製鋼(せいこう)プロセス──の原料として用いられる。また、一部は製鋼過程を経ず、そのまま鋳物に使われる。鋳物とは、削ったり曲げたりして形をつくるのでなく、型に流し込んで形をつくる方法でできた器物のことで、鋳鉄（鋳物に使用される鉄)＝銑鉄と考えてよい。

鉄というのは、炭素を含むことが当たり前の金属で、よほど特殊な事情がない限りは微量に炭素を含んだ状態で使われる。炭素量が限りなくゼロに近いものを「純鉄」と言う。鉄の呼称と炭素量の目安を以下に記す。

工業用純鉄	炭素 0〜0.007%
鋼（鋼鉄）	炭素 0.007〜2.0%
鋳鉄（銑鉄）	炭素 2.0〜4.5%

もっとも民主的な金属

イギリスの技術史家、S・リリー（Samuel Lilley）はその著書『人類と機械の歴史』で、紀元前1100年から紀元後500年までの人間の生活様式に関して次のように述べている。

・・・青銅の使用は、武器を別とすれば、少数の職人が少数の富める階級のためにぜいたく品を生産する道具にかぎられていた。

・・・鐵は、ほとんどすべての用途にとって青銅よりもすぐれた金属であるばかりでなく、それは地球の表面にはるかに広く分布しているために、はるかにおおくの人々が、面倒な運搬や交換の組織をつくることなしに手に入れ道具の

材料にすることができた。そしてさいごに鐵は青銅よりはるかにやすい金属であった。・・・

そして、鉄を「最も民主的な金属 “democratic metal”」とよんでいる。その “民主的な金属” である鉄は工具や農具として生産力を飛躍的に高め、人びとの生活を豊かにしたが、その一方で古くは刀剣、近代に入ってからは大砲などの兵器製造に使われ、戦争の殺傷力・破壊力を飛躍的に高めたことを忘れてはならない。

鉄鉱石

鉄の鉱石として主なものを記す。

赤鉄鉱	（酸化第二鉄）	Fe_2O_3
褐鉄鉱	（同　水酸化物）	$Fe_2O_3 \cdot nH_2O$
磁鉄鉱・砂鉄	（四三酸化鉄）	Fe_3O_4
菱鉄鉱	（炭酸第一鉄）	$FeCO_3$

5.2 製鉄の歴史

(1) 原始的な製鉄法

初期の製鉄炉は木炭と鉱石を層状に積み重ねて、ふいごで空気を送って燃焼させ、そのとき生じる一酸化炭素により、酸化鉄を還元したものと思われる。それを化学式で表すと次のように書ける。

$$Fe_2O_3 + 3C + \frac{3}{2}O_2 \rightarrow Fe_2O_3 + 3CO \rightarrow 2Fe + 3CO_2$$

ここで注意すべきは、鉄鉱石は溶けなくても還元できることである。一酸化炭素（CO）が鉄と結合している酸素を奪って二酸化炭素（CO_2）となり、鉄鉱石は金属鉄になる。この化学反応に必要な温度は400～800 ℃で、温度が低ければ固体のまま還元されて酸素を失った孔だらけの海綿状の鉄になる。温度が高いと、粘いあめ状の塊になる。これは、前に述べた銑鉄と異なり、炭素の含有量が少ない錬鉄といわれるものである。

(2) 木炭から石炭へ、そして水車から蒸気機関へ

高炉法の発展とともに、大量の木炭が消費され、森林資源の枯渇による燃料の欠乏と環境破壊が問題となり、石炭の利用が試みられた。しかし石炭の利用は新たな問題を生じた。石炭は高温で軟化溶融して空気循環を妨げる。そのため、乾留してコークスとして利用する。木炭と違って石炭は硫黄を含む。硫黄が入ると鉄は脆く

なるので、その除去が課題になる。コークスは石炭よりも燃えにくいので、より強力な送風装置が必要になる。蒸気機関の利用が始まる。

5.3 高炉の構造と機能

上記のような改良を積み重ねて、現在の高炉（溶鉱炉）が作られた。図5.2に沿って、高炉の構造と機能を述べる。

高炉の頂部から鉄鉱石による金属原料とコークスなどの燃料を兼ねる還元材、石灰石を入れ、下部側面から加熱された空気を吹き入れてコークスを燃焼させる。コークスの炭素が鉄から酸素を奪って熱と一酸化炭素、二酸化炭素を生じる。この反応が熱源となり鉄鉱石を溶かし、炉の上部から下部に沈降してゆく過程で反応が連続的に進行し、炉の底部で高温液体状の銑鉄が得られる。石灰石は、鉄鉱石中の岩や石などの不純物成分とともに高温液体状のスラグとなり、銑鉄の上に層を形成してたまる。銑鉄とスラグは底部側面から適時、自然流動によって取り出される。

高炉頂部からは高温の高炉ガスがパイプによって取り出され、除塵室を経て熱風炉へと送られる。高温ガスは熱風炉内のレンガ等を加熱した後、煙突より排気される。十分に加熱された熱風炉は、排気経路と切り替えられて、外気より取り込まれた冷風を加熱する。熱くなった空気は炉下部の側面より粉砕された微粉末炭と共に圧入され、炉内を上昇する内に酸素が燃焼に寄与する。

一度、火が入れられた高炉は常に稼動されて、数年に一度程度の炉内壁の修理等のとき以外に停止されることはない。高炉で作られた銑鉄は保温効率と移送の利便性を兼ね備えた「トーピードカー」（混銑車）と呼ばれる細長いタンク車両に流しこまれて、次の工程へと送られる。送られた銑鉄は溶銑予備処理を施した後、転炉へ入れられ、鋼鉄へと変換される。

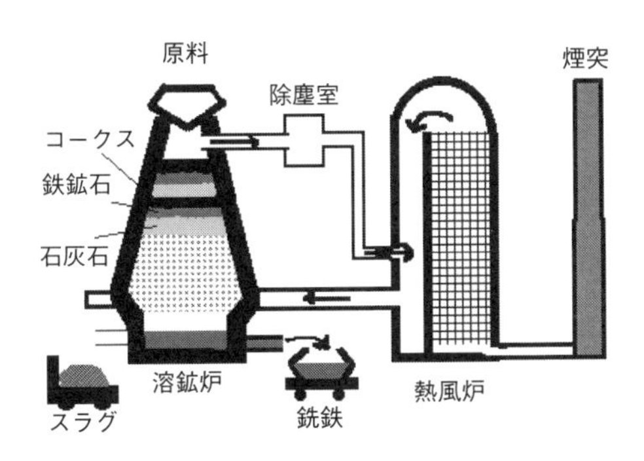

図 5.2　高炉による製鉄の概念図

5.4 製　鋼

高炉で作られる銑鉄には、多量の炭素（〜4%）のほか、硫黄、リン、マンガン、ケイ素など多くの不純物元素が含まれている。銑鉄は、ほぼそのままの組成で鋳物として用いることはできるが、硬くて脆く用途に限りがある。この銑鉄を酸化して炭素と不純物の除去精製を行うのが製鋼である。

製鋼法として主流である転炉法について述べる。転炉はつぼ型（洋梨型）で、高炉から出銑（しゅっせん）された溶銑と、石灰を主成分としたスラグ原料を加えて精錬が行われる。高圧の酸素を吹き込み、その酸素が溶銑を激しく攪拌するとともに、炭素、ケイ素、リン、マンガンなどと急速に反応して酸化物を形成し、高熱が発生する。酸化物は炭酸カルシウムと結びつき、スラグに取り込まれる。この酸化反応によって低炭素で不純物の少ない鋼が生まれる。

残存する微量の酸素や不純物をさらに取り除いて成分を調整し（二次精錬）、不純物の少ない高級鋼が製造される。二次精錬の方法の一種として、真空の容器に溶鋼を吸い上げ、炭素、酸素、窒素、水素などを除く「真空脱ガス法」がある。減圧下で酸素を吹き込んだり（インジェクション）、上吹きランス（酸素を吹き込むパイプ）から吹き付けると一酸化炭素ガスの発生が促進されて、さらに炭素濃度を下げることができる。

転炉で精錬された鋼は、連続鋳造プロセスにより鋳塊となり、圧延機により圧延されて、厚板（あついた）、薄板（うすいた）などの形状に加工される。図 5.3 にこの過程を示した。

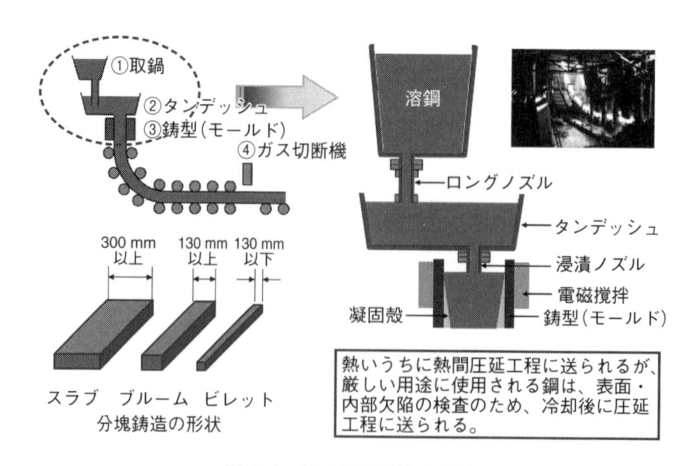

図 5.3　鋼の連続鋳造と分塊

5.5 鉄鋼の組織と強度

図 5.1 に示したように、鉄は室温では結晶構造が体心立方格子（bcc）のフェライト（α）で、温度を上げると面心立方格子（fcc）のオーステナイト（γ）に変わる。室温と異なる別の固相が高温に存在することが重要な点で、この高温相であるオーステナイトが鋼の熱処理（組織制御）の出発組織になる。

図 5.1 において、727 ℃、炭素 0.77%の点は共析点とよばれる。この組成の合金は、この温度においてフェライト（α）とセメンタイト（Fe_3C）を同時に析出する。このとき、非常に薄い板状のフェライトとセメンタイトが交互に並んだ状態で析出し、その厚さは冷却速度が速いほど薄くなる（注 1）。この層状組織は、光学顕微鏡で観察すると真珠のような美しい光沢を発するため、パーライトとよばれている。

マルテンサイト

フェライトはオーステナイトと比べ少量の炭素しか固溶できないため、変態する際には結晶中から炭素原子を排出しなければならない。ゆっくり冷却すると、炭素はフェライト組織から追い出されてセメンタイト（鉄炭化物）を生じ、パーライトが形成される。しかし急冷する（炭素の拡散が起こらないくらいの速さで）と、炭素原子が過剰に溶け込んだ体心立方のフェライト相になる。このとき、炭素原子は特定の格子間位置を占めて、体心立方格子の一軸を引き伸ばした準安定状態の結晶構造（正方晶、bct）となる（図 5.4）。このようにして形成される組織をマルテン

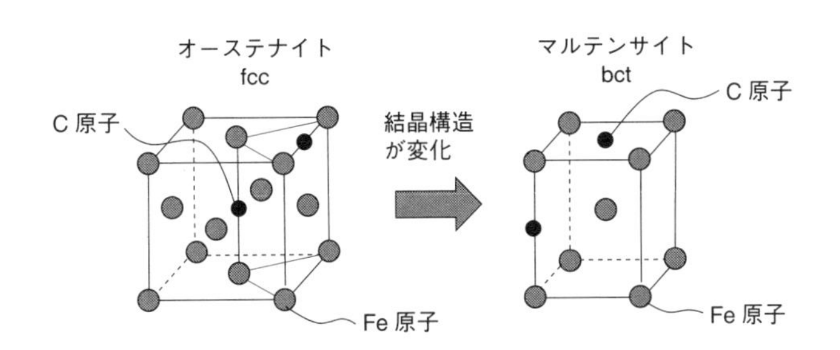

図 5.4　オーステナイトからマルテンサイトへの変態

（注 1）　オーステナイト域に加熱したのち、冷却速度を変えて室温まで冷やすと、ざまざまな変態組織が得られる。徐冷したとき、純鉄ではフェライトに、鉄−0.77%炭素合金（共析鋼）ではパーライトに、0〜0.77%炭素ではフェライト＋パーライト組織になる。冷却速度を大きくすると変態温度が低下し（過冷却）、それぞれの組織が微細になる。さらに水焼き入れのように冷却速度を大きくすると、変態生成物がフェライトやパーライトとは全く違ったマルテンサイトに変化する。また、中間の冷却速度でベイナイトが得られる場合もある。

サイトという。

このように、鉄-炭素合金では様々な変態組織があり、図5.5および図5.6に示すように各変態組織の強度レベルが異なっており、様々な用途に使い分けることができる。

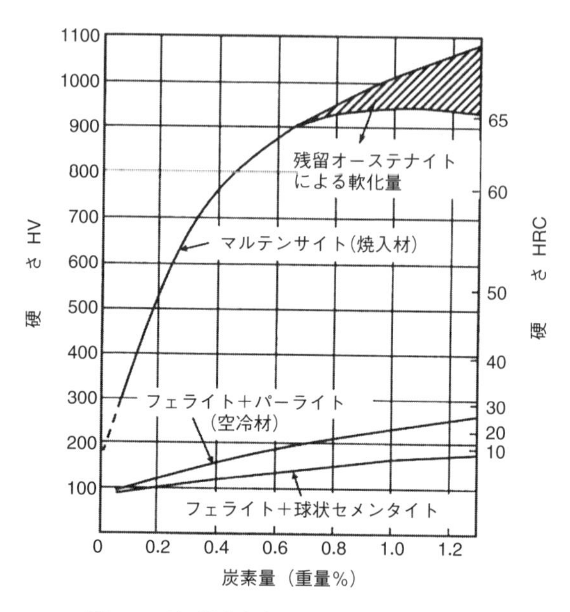

図 5.5 鉄-炭素合金の硬さと炭素量の関係

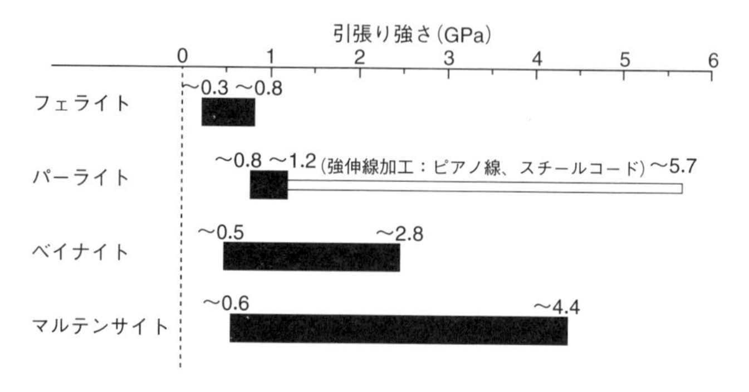

図 5.6 鉄鋼の各種変態組織の強度レベル

コラム　鉱物資源と環境負荷

鉄がもっとも多く使われる金属である理由は、そのバラエティに富む物性によるが、同時に、資源が豊富であり製錬時に環境に与える悪影響も少ないことも重要な要因である。

金属などの元素は、資源の存在形態から親銅元素、親鉄元素、親石元素に大別される。親銅元素は、銅、銀、亜鉛、鉛、ヒ素、カドミウム、水銀などの元素で、黄銅鉱のように硫黄と親和力が強い。親鉄元素は、鉄と似た元素であるニッケル、マンガン、モリブデンなどである。親石元素は、アルミニウムやケイ素、チタンなどのように酸素と強固に結合した酸化物（石！）として産出する元素である。

図 5.7 は、いろいろな金属元素の地殻での存在比 k（ppm 表示、クラーク数という）と生産量 T との関係を両対数目盛で示したものである。Ⅰの線上にほぼ並ぶ親銅元素は存在量に比べて生産量が多く資源の枯渇が心配されている。Ⅲの線上にある親石元素は資源的には心配がないが、製錬時のエネルギー消費が大きい。

古くから知られている金属元素は、金、銀、銅、鉄、スズ、鉛、水銀で、古代七金属とよばれることもある。親銅元素は比較的製錬が容易で古くから使われてきたが、鉱石中にヒ素やアンチモン、セレンなどの有毒元素を伴うことが多く、かつ、硫化物として産出するので数々の鉱害を引き起こしてきた。足尾鉱毒事件は、明治に入って外貨獲得と軍需を満たすために銅の生産量を急増させた結果、亜硫酸ガスによる煙害は足尾の山を丸裸にし、銅やヒ素などを含む鉱毒水は渡良瀬川流域の土

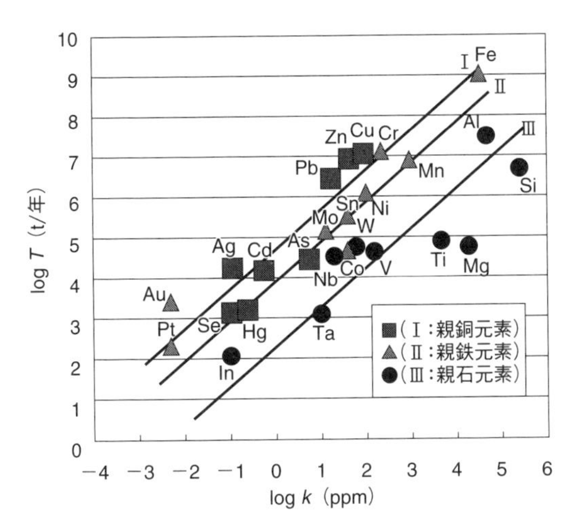

図 5.7　資源耐用年数と元素の地球科学的分類

（増子昇：サイアス、Apr.、2000、pp.76-81 をもとに作成）

地を人が生活できない荒れ地と化した。金属鉱業の歴史は鉱害の歴史でもあった。なお、ウラン鉱山も深刻な鉱害（残土の放射能汚染）を引き起こしている。

鉄の製錬は、相対的に環境への影響は小さいといえるが、他の金属に比べて生産量が多いため、採掘、製錬、製造、廃棄の各局面で見過ごせない環境問題を生んでいる。近年、鉄スクラップの利用が広がり、製錬や廃棄にともなう環境負荷の低減に寄与している。日本では電炉によるリサイクル鉄の生産量が鉄鋼生産量の 1/3 を占めるに至っている。鉄の年産は、日本は 1 億トン余、全世界で 17 億トン（そのうち中国が 8 億トン）に達する（2017 年現在）。産業革命期のイギリスが年産約 5 万トンであったことを想起しよう。

文 献

松尾宗次：いろいろな鉄（上、下）、日鉄技術情報センター、1996、1997

牧　正志：鉄鋼の組織制御――その原理と方法、内田老鶴圃、2015

新日本製鐵（株）編著：鉄と鉄鋼がわかる本、日本実業出版社、2004

小林秋男、伊藤新一訳、S. リリー著：人類と機械の歴史、岩波書店、1953

Part 2

金属の強さと弱さ

6章

材料の強度と測定法

材料というものは、そのまま用いるにしても、何か装置や構造物を組み立てるにしても、強いか、硬いか、伸び具合はどうかといった機械的性質を抜きにしては考えられない。この章で論ずる引張り、硬さ、衝撃、クリープ、疲労の標準的な各試験を行うと、これらの性質を数字で表すことができる。

6.1 引張り試験

材料の強さを表すのによく用いられるのが、降伏強さ、引張り強さ（あるいは引張り強度）である。その測定法を概念的に図 6.1 に示した。棒状の試料の下端に皿を取り付け、おもりを少しずつ増やして長さの変化を観測し、グラフに描く。ある荷重を越えると直線関係から外れはじめる。その臨界の荷重で、「材料が負けて降伏する」。このようにして得られたのが荷重–伸び線図で、横軸に荷重、縦軸に伸びを示している。

実際には引張り試験機を用いて測定するのが普通である。図 6.2 に試験機の一例を示した。電動モーターにより試験片を一定速度で引張って変位させ、そのとき試験片に加わる力 F をロードセルと呼ばれる装置により測定する。図 6.1 とは逆に、変位を与えそのときに発生する力を測るのである。試験片はつかみ部分の影響が出ないように両端を太くし、中間の細い部分で変形が起こるようにしてある。

力 F の代わりに、試験片断面の単位面積あたりに働く力（応力）σ_n と、単位長さあたりの伸び（ひずみ）ε_n を使って、荷重–伸び線図を描き直す。試料の初期長さを L_0、初期断面積 A_0、初期状態からの伸びを ΔL とすると、応力とひずみは

試験片断面の単位面積当たりに働く力（σ_n）＝力(F)/初期断面積(A_0)

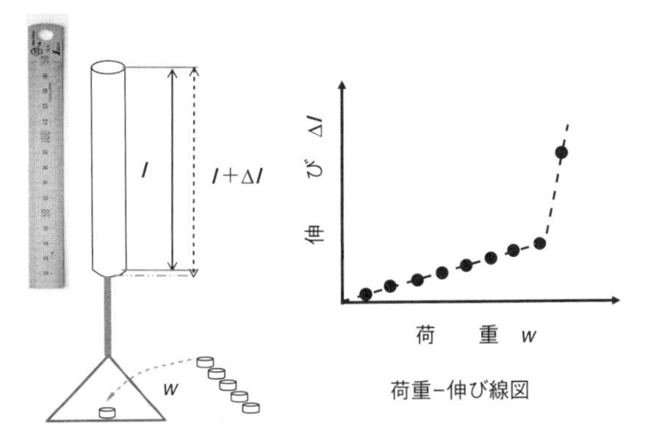

図 6.1　引張り強さを測る

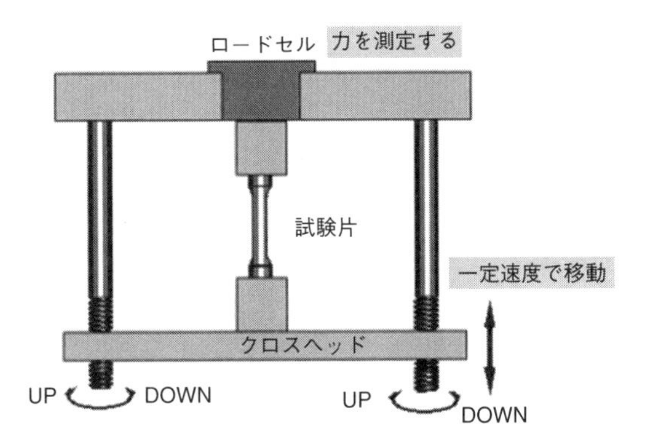

図 6.2　引張り試験機

単位長さあたりの伸び（ε_n）＝初期状態からの伸び(ΔL)/初期長さ(L_0)

で与えられる。これらを、公称応力、公称ひずみと呼ぶ（注 1)。応力を縦軸、ひずみを横軸にとってグラフを描くと、試験片の形状寸法が異なっていても、同じ材

（注 1）　公称応力と公称ひずみは、初期の試料長さ L_0、初期断面積 A_0 を用いて定義しているのに対し、真応力、真ひずみとよばれる量は、時々刻々の試料長さ L、断面積 A を用いて定義される。

$$\text{真応力}\quad \sigma_t = F/A、\quad \text{真ひずみ}\quad \varepsilon_t = \int_{L_0}^{L} \frac{dL}{L} = \ln(L/L_0)$$

公称応力（σ_n)、公称ひずみ（ε_n）と真応力、真ひずみとの関係は次式で与えられる。

$$\sigma_t = \sigma_n(1+\varepsilon_n)、\quad \varepsilon_t = \ln(1+\varepsilon_n)$$

この真応力と真ひずみの関係式は、変形後も試料の体積は変化しない（$AL=A_0L_0$）という関係を使って導かれる。この 2 式は、試験片が均一に変形している領域で成り立つ。

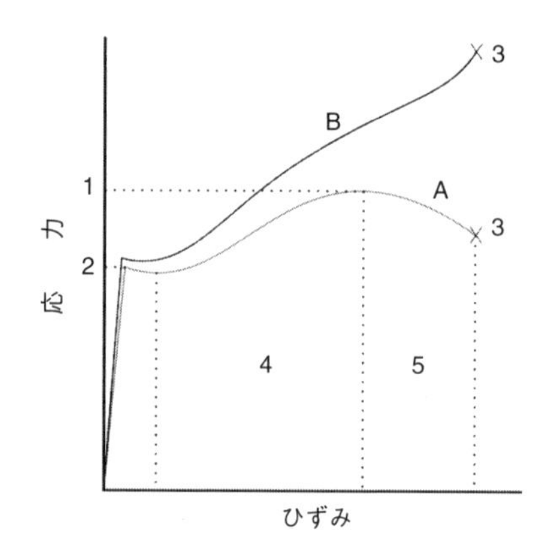

図 6.3　鋼の応力–ひずみ曲線模式図

1と2の応力が、それぞれ引張り強さと降伏点を示す。3に達したときに破断する。4の領域が均一塑性変形域、5が不均一塑性変形域に該当する。Aが公称応力による曲線、Bが真応力による曲線。

料であればほぼ同じグラフが得られる。

図 6.3 は鋼（およそ 0.2%の炭素を含む）の応力–ひずみ曲線の模式図で、A は公称応力、B は真応力による曲線である。ある程度の応力までは、荷重を取り除くと元の形状にもどり、これを弾性変形という。この範囲では応力とひずみには比例関係が成り立ち、フックの法則といい、比例係数はヤング率と呼ばれる。ある程度以上ひずみが大きくなると材料が降伏し（降伏点という）、比例関係が崩れる。この領域では、荷重を取り除いても変形が完全には戻らなくなる。このような残留する変形を塑性変形とよぶ。図 6.3 に 1、2 と示した応力がそれぞれ引張り強さと降伏点を示す。

アルミなど非鉄金属（注 2）の場合は降伏の様子が異なる。図 6.4 に非鉄金属と鋼の応力–ひずみ線図を対比して示した。非鉄金属の場合、明瞭な降伏点を示さない。このため、ひずみ 0.2%の点で、原点からの直線に平行線を引き、応力ひずみ曲線との交点における応力の値を 0.2%耐力（あるいは単に耐力）とよび、降伏応力に相当する応力として用いる。破断伸び（図中の *A* 点）は、材料の延性の目安となる。

軟鋼（注 3）の場合、応力が高くなると、ある点で塑性変形が始まる。この点を

（注 2）**非鉄金属**：鉄とその合金（ferrous metals）に対して、それ以外の金属という意味で用いる（nonferrous metals）。

（注 3）**軟鋼**：普通の方法で作られた鋼を硬さに着目して分類するとき、大まかには炭素量が 0.3%以下のものを軟鋼という。細かく分ける場合には、極軟鋼（0.15%以下）、軟鋼（0.15〜0.2%）、半軟鋼（0.2〜0.3%）などに分類される。（5 章参照）

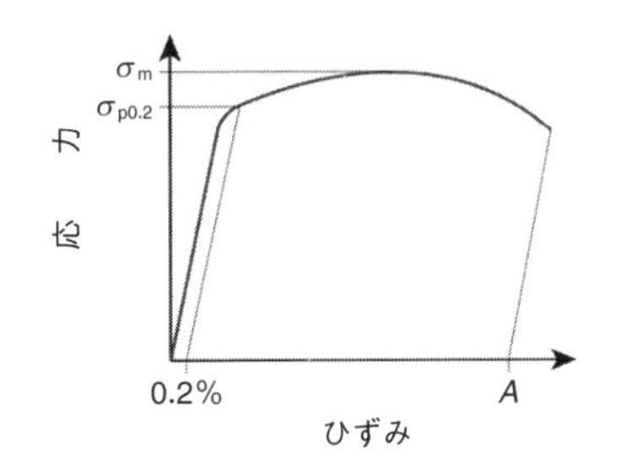

非鉄金属などの降伏点が存在しない例。
図中では、$\sigma_{p0.2}$：0.2％耐力、σ_m：引張り強さ。

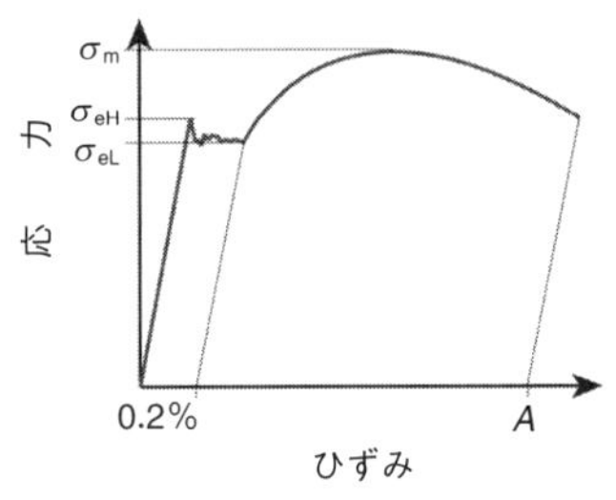

軟鋼材などの降伏点が存在する例。
図中で、σ_{eH}：上降伏点、σ_{eL}：下降伏点、
σ_m：引張り強さ、A：破断伸び。

図 6.4 「降伏点」はいつもあるのか？

上降伏点とよぶ。上降伏点を過ぎた後、応力はあるところまで急激に下がり、ほぼ一定の応力状態が続く。下がったところの応力を下降伏点とよぶ。下降伏点の応力値で一定の状態が続いた後、再度応力が増加していく。下降伏点と上降伏点を区別しない場合、降伏点における応力を、降伏応力、降伏強度、降伏強さ、あるいは単に降伏点とよぶ。

表 6.1 に数種の金属の引張り強さの値を示した。この値は、材料の状態（よく焼きなまされた状態か圧延など加工された状態かなど、4 章参照）によって大きく変わるので、「鉛は柔らかく、アルミは銅より変形しやすい」という大まかな傾向を表すものとして眺めていただきたい。

引張り試験はもっとも標準的な材料強度測定法であるが、目的に応じて様々な試験が行われる。図 6.5 に種々の測定法、測定のパラメータなどを模式的に示した。

表 6.1 金属の引張り強さ

		引張り強さ*	
		N/mm^2（MPa）	kgf/mm^2
SUS304	18-8 ステンレス	600	60
Al	アルミニウム	100	10
Cu	銅	220	22
Pb	鉛	30	3
W	タングステン	3700	370
Ni	ニッケル	490	49

1 GPa ≡ 1000 MPa ≈ 100 kgf/mm^2
*焼きなまし状態、加工状態により大きく変化する。

コラム　SI単位系について

本書では原則としてSI単位系（1962年の国際度量衡総会で採択された国際単位系）を用いる。1992年に計量法が全面改正され、この単位系が採用された。

• SI単位系の基本単位は「長さ（m）、質量（kg）、時間（s）」である。

• 力（N　ニュートン）はこれらを組み合わせた組立単位である。$N=kg \cdot m/s^2$

この関係は、ニュートンの運動方程式 $f=m\alpha$（加速度 α は作用する力 f に比例し、質量 m に反比例する）に基づいている。質量1 kgの物体に加速度1 m/s^2 を与える力が1 N（ニュートン）である。

表 6.2　SI接頭辞の表

接頭辞	記号	1000^m	10^n
ヨタ（yotta）	Y	1000^8	10^{24}
ゼタ（zetta）	Z	1000^7	10^{21}
エクサ（exa）	E	1000^6	10^{18}
ペタ（peta）	P	1000^5	10^{15}
テラ（tera）	T	1000^4	10^{12}
ギガ（giga）	G	1000^3	10^9
メガ（mega）	M	1000^2	10^6
キロ（kilo）	k	1000^1	10^3
ヘクト（hecto）	h		10^2
デカ（deca）	da		10^1
		1000^0	10^0
デシ（deci）	d		10^{-1}
センチ（centi）	c		10^{-2}
ミリ（milli）	m	1000^{-1}	10^{-3}
マイクロ（micro）	μ	1000^{-2}	10^{-6}
ナノ（nano）	n	1000^{-3}	10^{-9}
ピコ（pico）	p	1000^{-4}	10^{-12}
フェムト（femto）	f	1000^{-5}	10^{-15}
アト（atto）	a	1000^{-6}	10^{-18}
ゼプト（zepto）	z	1000^{-7}	10^{-21}
ヨクト（yocto）	y	1000^{-8}	10^{-24}

• 圧力、応力は単位面積当たりの力で、その名称はパスカル $Pa=N/m^2$ である。

• 引張り強さなど材料の強度（応力＝単位面積当たりの力）は、パスカル（Pa）を用いて表記することになっている。以前は、断面積当たりの荷重、すなわち kg/mm^2 が用いられていた。この単位は“断面積1 mm^2 のワイヤが耐える重量”を意味し、直観的に理解しやすい。しかしkgは質量の単位であって、“地球上で1 kgの質量をもつ物質にかかる重力”という意味で用いる場合にはkgf（キログラム重）、ワイヤの強度に対しては kgf/mm^2 を用いることになっている。

• 標準重力（地表近くの真空にある物体が受ける名目重力加速度）は $g_0=9.80665$ $m/s^2 \fallingdotseq 9.8$ m/s^2 である。

$$1\,kgf \fallingdotseq 9.8\,N \Rightarrow 1\,N \fallingdotseq 0.102\,kgf$$

• また、（金属材料の引張り強度などに関して）以下の数値を頭に入れておくと便利だ。

$$1\,GPa = 1000\,MPa \approx 102\,kgf/mm^2$$

“ギガ”は強いというイメージがあるし、“引張り強さ100 kgf/mm^2”はかなり強い材料だから、無理なく「1 GPa は 100 kgf/mm^2」と記憶できる。

• GPa の G（ギガ）のように、基本単位、組立単位の前に付けて用いられる、大きさを表す接頭辞を表 6.2 に示した。

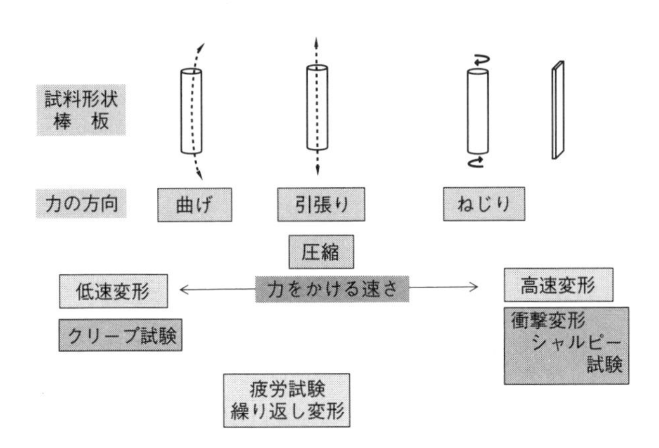

図 6.5　材料の強度試験法のいろいろ

加える荷重の種類によって、引張り試験、圧縮試験、曲げ試験、ねじり試験などの区別があり、また荷重の変動のしかたによって、荷重が十分ゆっくり加わる静的試験、繰り返し荷重が加わる疲れ試験（疲労試験）、急激に荷重が加わる衝撃試験などの区別がある。さらに、これらの条件の種々の組み合せが考えられるので、材料試験には非常に多くの種類があることになる。

6.2　硬さ試験

材料の強度を調べる方法として、引張り試験についでよく用いられるのが硬さ試験である。測定が簡便で大きな試験片を必要としないからである。

硬さ測定法は以下の 3 つに大別できる。

押し込み法、反発法、ひっかき法

なかでも、「平坦な試料表面に硬い圧子を一定荷重で押しつけ、圧痕の大きさから、硬さを評価する」押し込み法がよく用いられる。もっとも広く用いられているのはヴィッカース硬さ（Vickers hardness）法である。圧子はダイヤモンドの四角錐（対面角 $\alpha=136°$）で、荷重を除いたあとに残ったへこみの対角線の長さ d から表面積 S を算出する（図 6.6）。試験力 F を算出した表面積 S で割った値がヴィッ

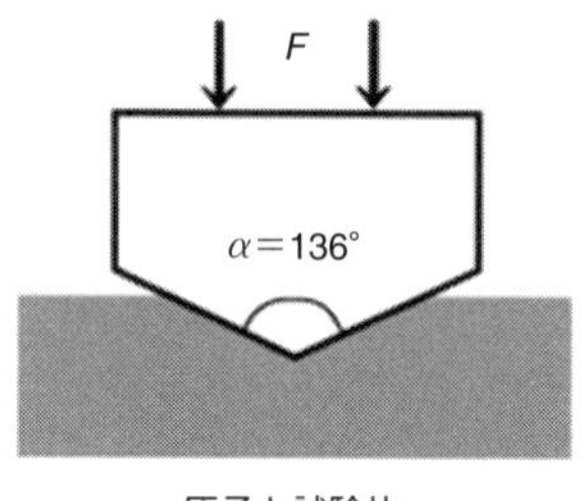

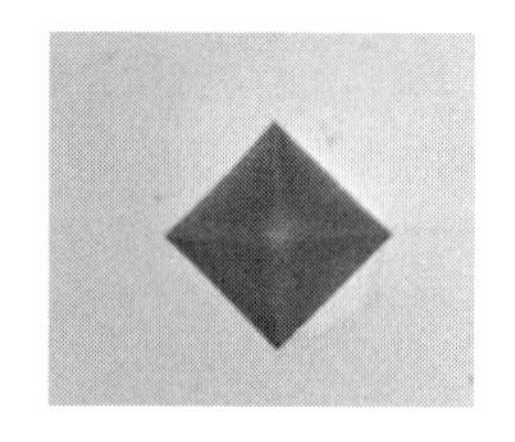

圧子と試験片

図 6.6 ヴィッカース硬さ試験と圧痕の形

カース硬さ（HV）である。実際には試験機に添付されている数表より硬さ値 HV を読み取るのが普通である。

鉄鋼材料については、ヴィッカース硬さと降伏強さおよび疲労限度（11 章 11.2）の間には、ほぼ比例関係が成立する。MPa 単位で、近似的に降伏強さは HV 値の 3 倍、疲労限度は HV 値の 1.5 倍を示す。

押し込み法としてはほかに、圧子に高炭素鋼の球を用い、圧痕の直径を測定するブリネル硬さ、圧痕の深さをダイヤルゲージで読み取る簡易法のロックウェル硬さがある。

コラム　地震を経験した原発の健全性ー硬さ試験で調べる？ それは無理だ！

2007 年中越沖地震によって、柏崎刈羽原子力発電所は「現実には起こりえないような限界的な地震動：S_2」を超える強烈な地震動に見舞われた。原子力安全・保安院は「全体的な変形を弾性域に抑えること及び各設備について技術基準上要求されている機能が維持されていること」が満たされているか点検するよう指示した。これに対して東京電力は「重要機器に微小な変形が発生していない事を追加確認するために」原子炉用の配管について硬さ測定を行った。測定は「ポータブルビッカース硬さ計」を用いて、各種配管について行われた。

配管材は塑性加工により製造されるから、完全にひずみのない状態と比較してかなり硬化しているので、追加の塑性ひずみが 2〜3％程度まではほとんど硬さに変化はみられない。この点に関し、「新潟県技術委員会設備・機器小委員会」の委員だった私（小岩昌宏）は、東京電力に対して、

> 「微小な変形」とはどの程度の大きさの変形を想定しているのか？ 「塑性変形をしたか否か？」を調べるのであれば、たとえば 0.1％程度の変形量を検出できる感度がないと意味がないのではないか？

と質問したところ、東京電力は次のように回答した。

> 今回の硬さ測定による塑性ひずみの測定は、（中略）「材料特性に有意な影響を及ぼす塑性ひずみが生じたか否か」を確認するために実施している。そのため、（中略）塑性ひずみ量（8%）以下であればよく、（後略）

保安院の当初の設定した「全体的な変形を弾性域に抑えること」という要件が満たされているか否かを判定する測定手段として、硬さ測定が微小なひずみ（0.1%オーダー）を検出する感度を有するか否かが問われているのに、「目視によっても確認できるほど大きく変形した場所（ろ過水タンクの地震による塑性変形量は7.2%をはるかに上回る）の硬さが大幅に上昇した」という、あまりにも当然な事実をもって、「塑性変形が生じた場合は、ひずみの検知が可能であることが確認された」と一般化し、東京電力の報告書を批判的に検討することなく、原子力安全・保安院は、その結論を丸呑みして

> 「地震により材料特性に影響を与える塑性ひずみは発生していないと判断」

したのである。

6.3　衝撃試験（シャルピー試験）

引張り試験は、静的（ゆっくりと）に変形を与えたときの応答を調べるものである。しかし、実用に供される構造物には、急激に力が加わることもある。このような場合の材料の破壊に対する強さは、引張り強さでは判断できない。衝撃による材料の破断に必要な仕事（エネルギー）の大きさで比較するのが妥当である。これは、材料の粘り強さを意味する靱(じん)性（toughness）という言葉で表現される。この試験に用いられるシャルピー衝撃試験機を図6.7に示した。フランスの技術者ジョルジュ・シャルピー（Georges Charpy）が考案したものである。重量のあるハンマーをある高さhから振り下ろすと、ハンマーは切り込みをつけた試験片を破壊して高さh'まで振り上がる。このときの高さの差（位置エネルギーの差）が、試験片を破壊する際の吸収エネルギーということになる。この吸収エネルギーEをシャルピー衝撃値といい、ジュールの単位で表す。

試験片：長さ55 mmの10 mm角棒の中央に、深さ2 mmの45度V字溝を入れたもの（Vノッチ）が使われる。取り付ける際は、55 mmの両端を同じように保持し、40 mmの梁状に設置する。そして切り欠きのある部分を反対方向からハンマーで衝撃を加え、試験片を破壊する。

シャルピー試験は、原子炉圧力容器で用いる鋼の靭性評価に用いられる。一般に

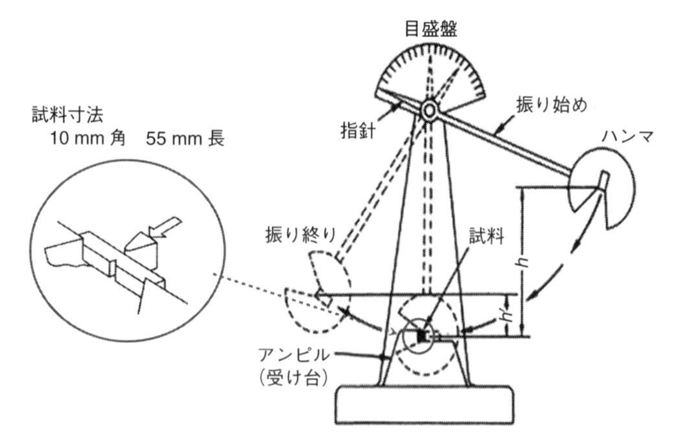

図 6.7　シャルピー衝撃試験機

破壊試験がそうであるように、この試験はばらつきが大きい。

6.4　クリープ試験

室温で材料に一定の荷重を加えた場合、荷重に応じた量だけ変形したところで変形が止まる。しかし、温度が高いところでは、時間とともにじわじわと変形が続く。これをクリープ変形という。0.5 T_m（T_m：融点）以上の温度で使用される機器に用いる材料については、時間に依存する変形および破断を考慮する必要がある。たとえば、ガスタービン、ジェットエンジンのタービン動翼、高圧蒸気タービンおよび、ボイラーの場合等である。また、原子炉圧力容器内、とくに燃料棒およびその周辺は高温であり、クリープ変形に留意する必要がある。

試験片に一定荷重をかけ、伸びと時間の関係を求めると、図 6.8 に示すように 3

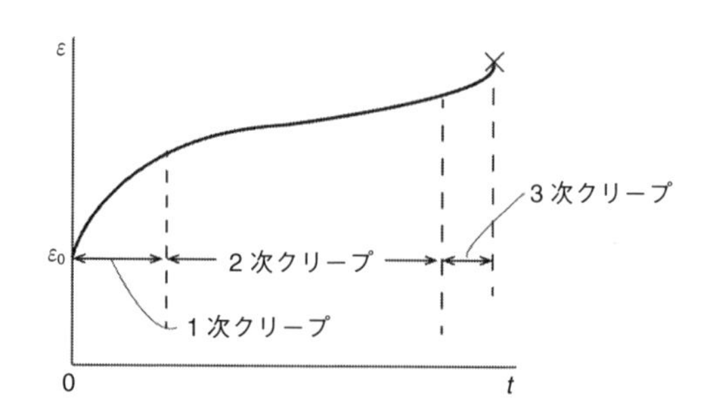

図 6.8　クリープ変形曲線

つの段階が観測される。

- **1次クリープ:** 一定荷重を負荷した場合、瞬間的に弾性伸びが生じる（縦軸上の ε_0 の点）。その後、伸び増加率が低下していく、上に凸の区間である。
- **2次クリープ:** 定常段階で、伸び速度は最も小さく、かつ時間に依存しない。
- **3次クリープ:** クリープ変形速度が増加し、破断に至る。内部にボイドが発生、くびれが生じ、断面積の減少が生ずることにより、伸びが急激な増加を示す。

6.5 疲労試験

疲労とはなんだろうか？　針金を手で繰り返し曲げて切断することがよくある。針金は1回だけ曲げても破断しないが、何回も繰り返して曲げているうちに硬く脆くなり、ついには破断してしまう。この場合は、針金は毎回、塑性変形を受けているが、仮に繰り返しの応力が弾性範囲内の小さい応力であっても破壊する場合がある。このように、繰り返し負荷することによって生じる材質劣化を疲労といい、疲労が進行して破断する現象を疲労破壊という。「弾性範囲内の小さい応力」であれば、材料には何も変化はないと思いがちである。見た目には何の変化もなさそうでも、ミクロに見ると転位が動き（7章）、その結果として微細構造が変化し、ついには破壊に至るのである。

材料について「疲労」という用語を最初に用いたのはフランスのジャン＝ヴィクトル・ポンスレ（Jean-Victor Poncelet）である。ポンスレは1825年頃から兵学校で、材料の疲労についての講義をしていたといわれる。1837年ドイツのウィルヘルム・アルバート（Wilhelm Albert）は、鉱山の鉄製チェーンの疲労に関する定量的な実験結果を報告した。この試験により、アルバートは、鉱山の鉄製チェーンについて静的な破断限界より小さな力でも繰り返し作用することで突然破断することを見出だした。

原子力発電所においては、材料の疲労破壊によりさまざまな事故が発生している。疲労については11章でくわしく述べる。

文 献

小岩昌宏ほか訳　(J.W. マーチン著): ものの強さの秘密－材料強度学入門、共立出版、1976
永宮健夫監訳、ジョンウルフ編: 材料科学入門 III、機械的性質、岩波書店、1967
材料科学検討委員会編: 講義資料・材料科学、東京大学出版会、1971

7 章

塑性変形と転位

材料が塑性変形する（力を取り去っても、元の形に戻らない）のはなぜか？　単結晶試料の表面観察から、変形の仕組みを調べる手掛りが得られる。

転位とよばれる「格子欠陥」が変形の担い手である。中性子照射を受けた材料が硬化するのは、転位の動きを妨げる欠陥ができるためである。

7.1　延性と脆性

ガラスや瀬戸物は落とすと割れるが、金属は壊れにくい。引張試験をすると、その違いがよくわかる。図 7.1 に 3 種の材料の応力–ひずみ線図を示した。応力–ひずみ曲線の下の面積は、破壊前に吸収されたエネルギーを示し、したがって材料の靭性（toughness）を表す。曲線 C について網かけした部分がこの面積である。

A：もっとも強度が高く、ヤング率（コラム参照）が高い材料

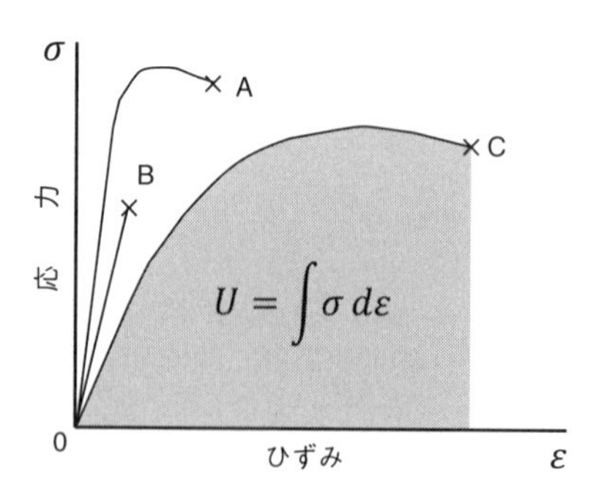

図 7.1　材料による変形挙動の違い

B: ほとんど塑性変形することなく破断する脆い材料
C: 破断するまでの塑性変形量が大きく延性に富む材料

金属は一般的には延性材料で、よく焼きなました状態ではC型の挙動、圧延、線引などの加工をした材料はA型の挙動をする。しかし、鋳鉄は脆性材料で、B型の挙動をする。ガラス、セラミックは、B型の挙動を示す脆性材料である。

材料の強度特性は、温度によって大きく変化する。ガラスは室温では脆いけれど、加熱するとあめのように柔らかくなる。室温では延性でも、低温では脆性になる——というように、温度によって挙動が変わる金属材料もある。したがって、材料を選定するに際しては、使用温度域における特性、使用環境（中性子照射、疲労、腐食）による変質にも注意する必要がある。

前の章で「金属は結晶である」ことを述べた。結晶における原子配列を念頭に置いたとき、「延性、脆性」などの変形挙動の違いはどのように説明できるだろうか？

7.2　単結晶の変形挙動

実際に使用されている材料の大部分は、多結晶（多数の結晶粒の集合体）である。しかし、塑性変形がどのように起こるかを調べるには、単結晶試料（試料全体が一個の結晶粒からなる）を用いて観察するほうがよい。そのような試料は、特別の作り方をすれば用意することができる。

図7.2は、引張り変形した単結晶試料の様子を模式的に示したものである。試料

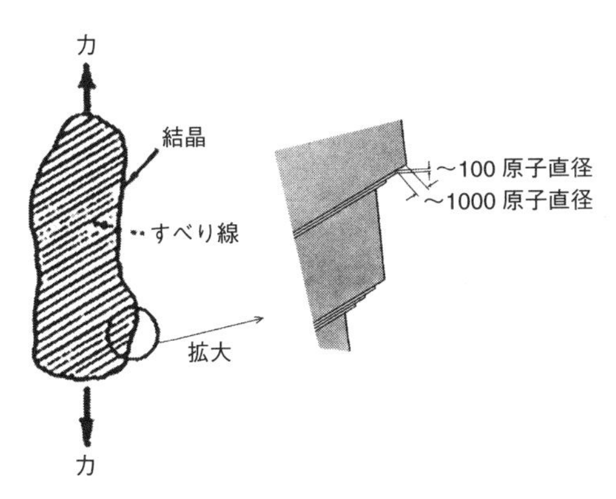

図 7.2　すべり線の観察
金属単結晶を引張変形すると、表面にすべり線が現れる。

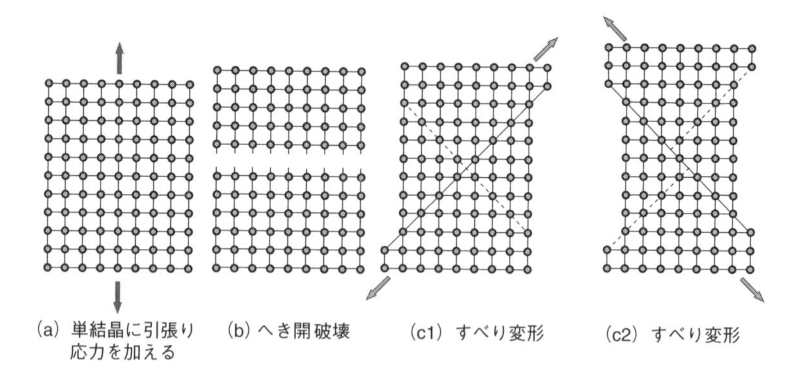

図 7.3　モデル単結晶に引張り力を加えたときの変形様式

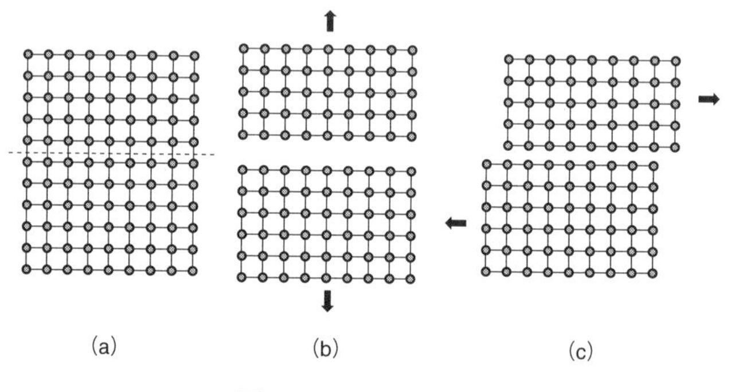

図 7.4　へき開とすべり

表面には特定の方向にそろった線――すべり線――が観察され、その様子はトランプのカードを重ねてずらした状況に似ている。引張方向に斜めの面がすべり面になっている。その状況を原子配列で示したのが図 7.3 の（c）である。金属結晶の塑性変形は、このように原子面のすべりにより起こる。引張り変形により、試料が引張り方向に伸び、細くなるのはなぜだろうか？　図 7.3（c1)、(c2）に図示したように、対称的な関係にあるすべり面によるすべりが起こるとすれば理解できる。

単結晶の変形様式としては、すべりのほかにへき開がある。その 2 つの変形様式を図 7.4 に示した。

(1) 理想的なへき開強度

へき開は原子密度の高い面で起こる。図 7.4（a）に示した結晶に、上下方向に力を加え、(b）のように引き離す過程を考えよう。点線で記した部分で上下に引き離されるとしたとき、この部分の原子間結合が伸びてエネルギーが蓄えられる。ある臨界の力に達したとき結晶はへき開し、上下2つの部分に分かれる。「原子間の結合の伸び」として蓄えられていたエネルギーは、新たに形成された2枚の面の表面エネルギーになる。

原子間距離をa、表面エネルギーをγ、ヤング率をEとすると、理論へき開強度σ_{th}は次式で与えられる。

$$\sigma_{\mathrm{th}} = \sqrt{\gamma E/a}$$

(2) 理想的なせん断強度

図7.4（c）に示すように、ある原子面に平行な外部応力によって2つの部分にせん断する操作を考えてみよう。原子がこのせん断面に沿ってずれても、面間の原子の結合は周期的に組み替えられるだけであるから、上で述べたへき開の過程と比べると、かなり穏やかな過程である。したがって、理論せん断強度τ_{th}は、理論へき開強度に比べて低い。簡単なモデルを用いて計算した結果によると、

$$\tau_{\mathrm{th}} \approx G/6$$

である。ここで、Gは剛性率（せん断弾性率）である。EとGの関係はコラムに記した。

これら2つの式で評価した理論へき開強度と理論せん断強度の値を、表7.1に示した。立方晶の金属（金、銅、鉄、タングステンなど）の場合、破断時の弾性ひずみ（＝理論へき開強度/ヤング率）が20〜30%にも及ぶ高い応力値（理論へき開強度）に対応している。これに比べて、六方晶の亜鉛、黒鉛の理論へき開強度は低い。

理論へき開強度σ_{th}と理論せん断強度τ_{th}を比べると理論へき開強度σ_{th}のほうが大きい。だから、結晶の最大強度は、小さい方の理論せん断強度τ_{th}によって決められているといえよう。

コラム　弾性率

引張り試験（6章6.1）の項で述べたように、弾性体に外から力を加えて変形させるとき、応力とひずみは比例する（フックの法則）。このとき、応力とひずみの比を弾性率という。応力とひずみの種類により、以下のものがある（図7.5）。

- ヤング率（たて弾性率）E:
  一方向に引張を加えたときの応力 σ とひずみ ε の比　　$E = \sigma/\varepsilon$
- 剛性率（横弾性率、せん断弾性率）G：
  せん断応力 τ とせん断ひずみ γ の比　　$G = \tau/\gamma$
- 体積弾性率 K: 静水圧 P と体積減少率 $\Delta V/V$ の比　　$K = P/(\Delta V/V)$
- ポアソン比 ν: 一方向に引張を加えたとき、その方向（縦方向）のひずみ ε に対する横方向のひずみ ε' の比　　$\nu = -\varepsilon'/\varepsilon$

ヤング率と剛性率の間には、次の関係がある。　$E = 2G(1+\nu)$
ここで、ν はポアソン比である。ポアソン比は1/3程度の大きさであるから、おおむね　$E \approx 3G$　である。

なお、ヤング率は、イギリスの物理学者トマス・ヤング（Thomas Young、1773～1829）の名に由来する。

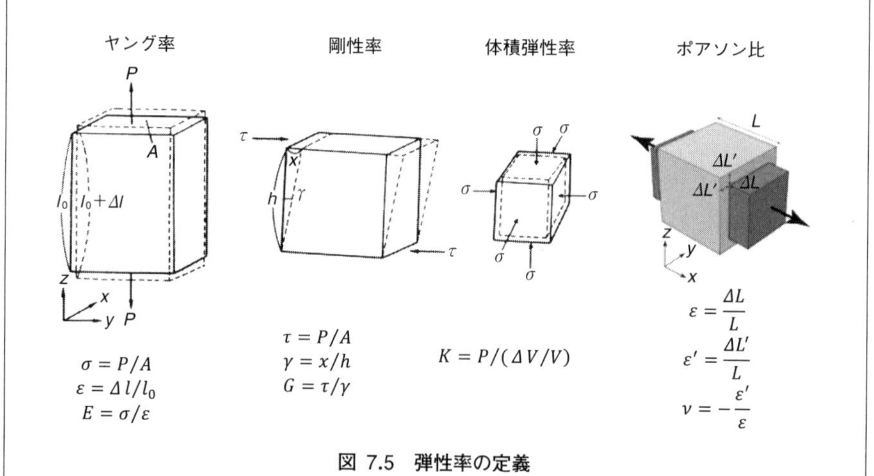

図 7.5　弾性率の定義

表 7.1　弾性率と強度（単位 GPa）

物質名		方位	ヤング率 (E)	剛性率 (G)	理論へき開強度 (σ_{th})	理論せん断強度 (τ_{th})
金	Au	＜111＞	110	19	27	0.74
銅	Cu	＜111＞ ＜100＞	192 67	30.8	39 25	1.2
タングステン	W	＜100＞	390	150	86	16.5
鉄	Fe	＜100＞ ＜111＞	132 260	60	30 46	6.6
亜鉛	Zn	＜0001＞	35	38	3.8	2.3
黒鉛	C	＜0001＞	10	2.3	1.4	0.115
ケイ素	Si	＜111＞	188	57	32	13.7
ダイヤモンド	C	＜111＞	1210	505	205	121.0
塩化ナトリウム	NaCl	＜100＞	44	23.7	4.3	2.84
酸化アルミニウム	Al_2O_3	＜0001＞	460	147	46	16.9

7.3　実際の結晶と理想結晶の強さの比較

上で述べたように、理論せん断強度は剛性率の数分の1（$G/6$）の大きさであるのに対し、実測のせん断強度は1000分の1程度（$G/1000$）の大きさである。この劇的とも思える不一致の原因は、「変形がすべり面全体にわたって一挙に起こる」

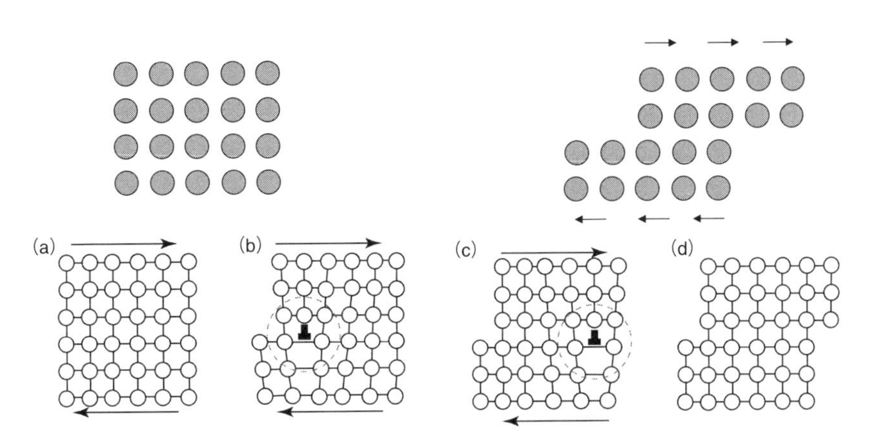

図 7.6　すべり変形の起こり方
すべり変形は一挙に起こるのではなく、**転位**とよばれるひずみが集中した領域が移動することによって起こる。

と仮定したことにある。結晶のすべり運動はトランプの束を押したときの動きに一見似ているが、実際の機構はかなり異なっている。図7.6に示したようにすべり面上の小さな領域ですべりが始まり、それが面全体に広がっていく。すべり面上のすべった領域と、まだすべらない領域との境界線は転位線とよばれる。図7.7はこの様子を3次元的に示したもので、転位線の上側には余剰な原子面がある。転位が仮想的なものではなく、実際に結晶中に存在していることは、電子顕微鏡観察などで確認されている。

「転位」をイメージするには、じゅうたんを移動する場合を考えてみるとよいであろう。一挙に端を引張って動かそうとすると大きな力が必要である。しかし、図7.8に示すように、小さなたわみを作ってやり、これを少しずつ送るようにすれば小さい力で移動させることができる。しゃくとり虫の移動も、これと似通っている。

図7.7に示した転位では、転位線の方向とすべりの方向がなす角度が90度の場合であり、刃状転位（edge dislocation）とよばれる。これは、余剰原子面が刃状に

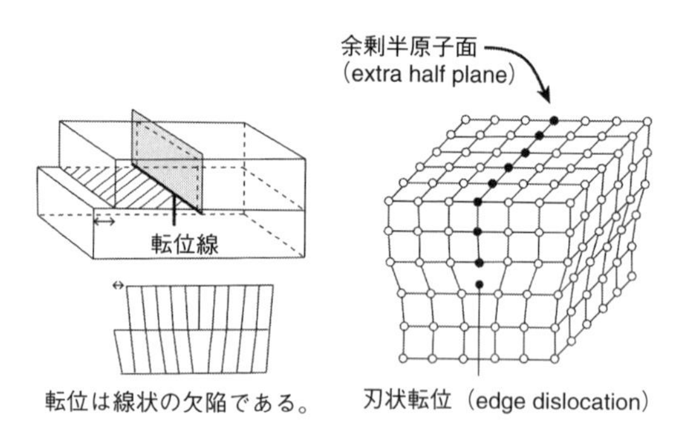

図 7.7　刃状転位

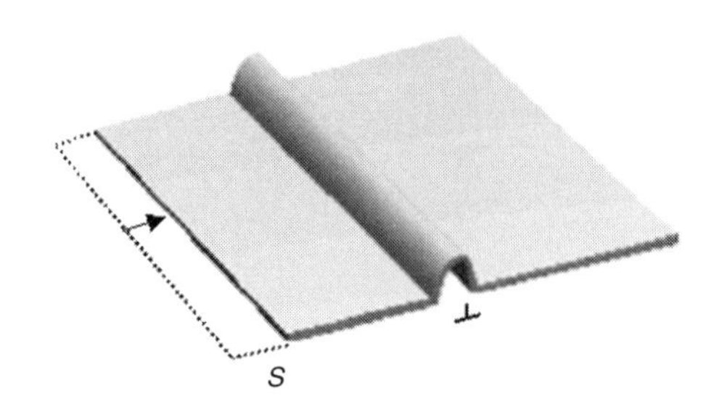

図 7.8　じゅうたんを楽に動かす方法

絨毯を少し動かしたいとき、全体を引張るより、しわを作ってそれを動かす方が楽。
結晶変形の際の転位もそれに似ている。

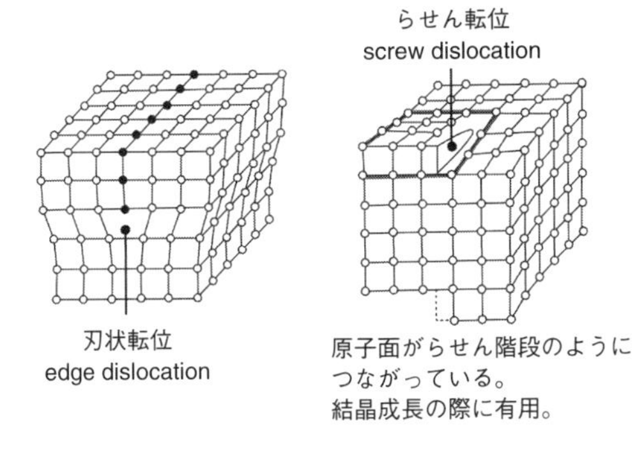

図 7.9 刃状転位とらせん転位

挿入されたように見えるためである。

転位線の方向とすべりの方向がなす角度が零度の場合はらせん転位とよぶ。図7.9に示したように、らせん転位の周囲を格子点をたどって移動すると次々と下の原子面に移ることになり、「原子面がらせん状につながっている」と見なすことができるからである。らせん転位は、結晶成長で重要な役割を果たすとされている。

7.4 転位を動かすのに必要な力

金属を塑性変形するのに必要な力（降伏応力）は、転位を動かすのに必要な力にほかならない。その温度依存性を図7.10に示した。面心立方金属、六方最密金属では降伏応力は小さく、その温度依存性も小さい。ところが、体心立方金属では温

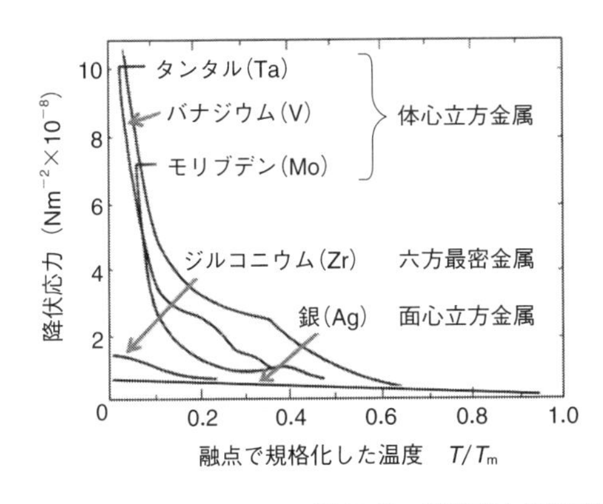

転位を動かすのに必要な応力

体心立方金属　温度依存性　大

面心立方金属　温度依存性　小

図 7.10 降伏応力の温度依存性

度依存性が大きく、低温では急速に上昇する。このような差異は、結晶によって転位の構造（原子配列）が違うことによると考えられている。

7.5 照射硬化

ところで、11章で述べるように中性子照射により、結晶中には原子空孔、格子間原子などの点欠陥や、構造が著しく乱れた領域が作られる。点欠陥は結晶中を移動し、原子の再配列が起こる。

空孔と格子間原子が出会えば再結合して「欠陥」は消滅するが、空孔だけが寄り集まったボイド（空洞）、格子間原子が寄り集まったクラスターなどが形成される。さらには、空孔の動きを介して溶質原子がより集まったクラスターも形成される。

結晶中に細かな析出物や介在物粒子が分散していると塑性変形するのに要する応力が上がることが知られている。図 7.11 は、そのような材料中における転位の運動を模式的に示したもので、分散粒子により転位運動が妨げられる様子を表している。照射した材料中に形成されるボイド、クラスターなども分散粒子と同様な効果があり、変形応力を増加させると思われる。これを照射硬化（radiation hardening）とよんでいる。

「平坦な道路に砂利がばらまかれたので、車の速度が上げられなくなった」というイメージで、転位の動きにくさ（硬化）を推測？していただくことにしよう。

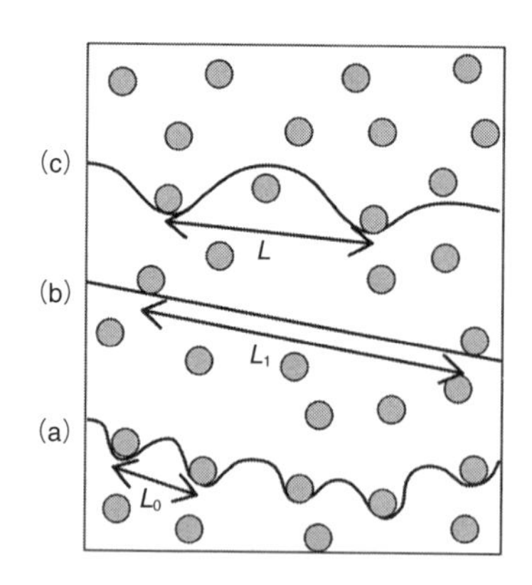

図 7.11　転位の運動は微細な粒子により妨げられる

中性子照射により導入された欠陥、クラスターが「分散粒子」のように働き、転位運動を妨げる。
すべり面上の障害物の平均間隔が L_0 のとき、(a) 強い障害物、(b) 弱い障害物、(c) 中間的な強さの障害物による転位の曲がり方と転位上の障害物の平均間隔のちがい。

コラム　強い、硬い、脆(もろ)い・・・その関係は？

「強い」と「硬い」は、同じ現象をさして用いられることがある。たとえば、結晶中に細かい粒子を分散させると強さ（変形に必要な力）が増す。これを「分散硬化」（dispersion hardening）というが、「分散強化」（dispersion strengthening）ともいう。確かに、粒子を分散させれば硬くなり引張り強さも増す。6.2 節で述べたように、ヴィッカース硬さと変形強さとは、比例的な関係にあることが多い。引張り強さが増すというプラスの効果に着目した場合は「強化」といい、単に現象を事実として述べる場合は「硬化」という使い分けがされることもあるようだ。

「硬化」は多くの場合、「脆化(ぜいか)」をもたらす。血管が動脈硬化を起こして脆くなることと似ている。脆化とは粘り強さ（靭性）が減ることといってもよい。例えば、鋼に中性子を照射すると降伏強さも引張り強さも増すが、同時に、破断までの伸びが減少する。結果として破断までの吸収エネルギー（応力-ひずみ曲線が囲む面積、おおざっぱに言えば、引張り強さと伸びの積）が減る。つまり、靭性が減り、脆化が起こっている。

金属材料を作る際は、脆化を起こさないように強さを増す工夫が様々にされている。一般に、結晶粒を細かくしたり、微細な析出物を均一に生じさせたりするとよい結果が得られる。一方、疲労や炭素偏析、中性子照射などでは、材料は硬くなるが割れやすくなる。

中越沖地震（2007 年 7 月）で被災した柏崎刈羽原発に関して設置された「調査・対策委員会」で、小林英男委員（当時、横浜国大機械工学科教授）は、「（地震で）非常に大きな塑性変形を受けたとしたら、かえって強くなるという問題で、損傷という心配はむしろない」と発言した（同委員会ワーキンググループ第 3 回会合議事録、2008.1.11）。きわめて一面的な見方である。材料は硬く強くなる（加工硬化）が、それは応力-ひずみ曲線の破断への途中経過でしかない。それに、地震の際には、溶接部や湾曲部などの局部的で不均等な変形が問題になることを無視している。

なお、「脆化」は「硬化」の結果として起こるとは限らない。リンの粒界偏析や応力腐食割れの原因であるクロム炭化物の粒界析出による脆化では、（結晶粒界が）脆くなるだけで、（マトリクス（結晶）の）硬さは関係ない。「強さ、硬さ、脆さ」の関係には注意が必要だ。

文 献

木村　宏：改訂　材料強度の考え方、アグネ技術センター、2002

8章

き裂がある材料の強度 破壊靱性とは

8.1 グリフィスの実験──へき開強度の理論値と実測値の違いをどう説明するか

前の章で、理論へき開強度 σ_{th} は次式で与えられると述べた。

$$\sigma_{\mathrm{th}} = \sqrt{\gamma E/a_0}$$

ただし、a_0: 原子間距離、γ: 表面エネルギー、E: ヤング率、である。

この式から計算したへき開強度は、ヤング率の10分の1（$E/10$）程度の大きさであるのに対して、実際の破壊強度はその10分の1から100分の1程度である。この点に着目し、材料破壊の最初の科学的研究を行ったのが英国王立航空研究所のグリフィス（Alan Arnold Griffith）である。彼はガラスをモデル材料として取り上げて研究した。ガラスの場合、理論強度が14 GPaであるのに対して実際の強度が170 MPa (0.17 GPa) 程度と低い。グリフィスはいろいろな太さのガラス繊維を作って破壊実験をして、図8.1に示すような結果を得た。破壊強度は繊維の直径が減るとともに上昇し、非常に細くなると理論強度に近づく。直径が細いガラスの強度が高いのは、それだけ欠陥（き裂）が少ないからであると説明し、以下に述べるように、材料中に存在するき裂の進展条件をエネルギー平衡の観点から導き出した。

8.2 き裂応力集中効果

応力集中効果を可視化するため、力線の分布を描いてみよう（図8.2）。単軸引張り状態にある物体中の応力は、$\sigma = F/A$ で表される。ここで、σ は面積 $1\,\mathrm{mm}^2$ あたりの力（ニュートン）である。荷重 F は面積 $1\,\mathrm{mm}^2$ あたり1本ずつ存在する大

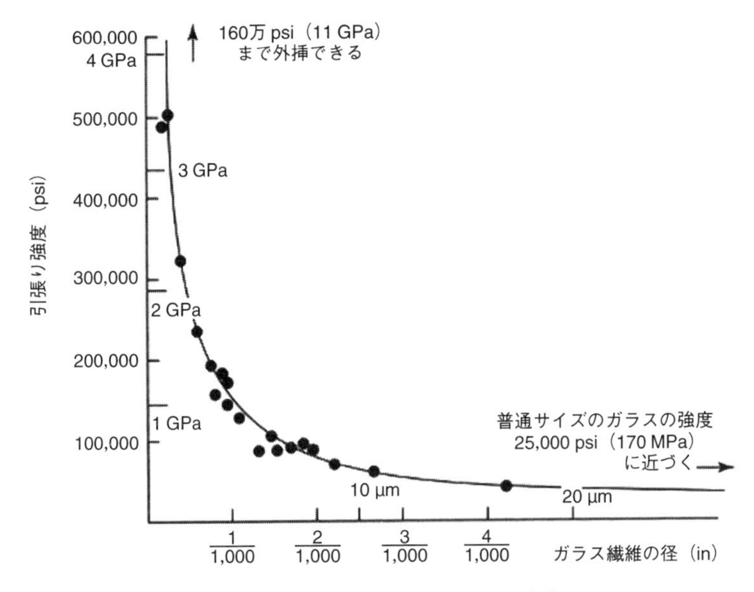

図 8.1　ガラス（繊維状）の引張り強度

グリフィスによる実験結果（1921）。
横軸はインチ（inch）、縦軸はプサイ（psi＝ポンド/平方インチ）で目盛られているので、マイクロメートル（µm）とギガパスカル（GPa）表示の目盛りを併記した。
（田中啓介：材料強度学、丸善株式会社、2008による）

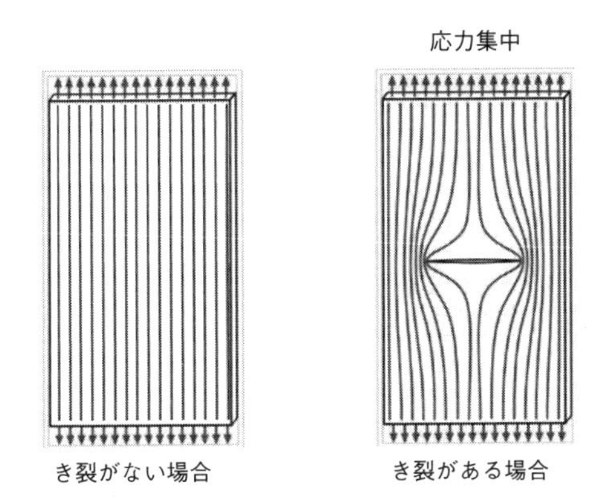

図 8.2　き裂先端では応力が高くなる！

図中の線は、荷重が物体内に働く様子を示す力線である。
力線が密になる箇所は、荷重が集中してかかっていること
を示し、応力が大きい。

きさ F/A の力線に分けもたれていると考えると便利である。このように、力線というのは、荷重が働いていることを表す仮想的な線で、その間隔が狭ければ大きな応力が作用していることを示す。物体中に孔やき裂のような不連続部分が存在すると、力線はこの部分を迂回しなければならないので、力線の密度（応力）は著しく大きくなる（間隔が狭くなる）が、そこから離れるとしだいに均等に分布するようになり、十分遠いところでは不連続部分の効果は事実上無視できる。

8.3 き裂を進展させる応力（破断応力）

き裂先端の応力は、先端の曲率半径が小さいほど（形状が鋭いほど）大きくなる。しかし、応力を加えない限り割れは進行しない。割れが進行するに必要な応力はいくらか？

き裂を含む試料に徐々に応力を加えていくと、試料は最初は弾性的に変形するが、き裂が伝播するのに十分な高い応力に達すると一気に割れが進行し、脆性破壊が起こる。き裂を伝播させるのに必要なエネルギーは、応力をかけた試料内に蓄積された弾性ひずみエネルギーによって供給される。解放される弾性エネルギーが、その瞬間に形成される表面エネルギーより同程度か大きければ、き裂は進行する。この考え方（グリフィスの条件）により計算した応力は次式のようになる。

$$\sigma_f = \sqrt{\frac{2\gamma E}{\pi a}} \tag{8.1}$$

σ_f：き裂が進行するのに必要な応力

a：き裂の長さの 1/2

この式はグリフィスの式とよばれている。

8.4 金属材料への拡張

上の式は、塑性変形が起こらないと仮定して導いたものである。実際には、き裂を含む物体に力がかけられたとき、ほとんどの材料でき裂先端近傍には塑性変形が起こる。この効果は、表面エネルギー γ に塑性ひずみエネルギー γ_p を加えることにより取り入れられる。

$$\left.\begin{aligned} \sigma_f &= \sqrt{\frac{2\gamma' E}{\pi a}} \\ \gamma' &= \gamma + \gamma_p \end{aligned}\right\} \tag{8.2}$$

γ' を実効表面エネルギーとよぶことにしよう。実際の破壊では、巨視的な塑性変形が見られないようなへき開破壊を起こした場合でも、破面上では大きな塑性ひずみが起こっていることが多く、γ_p の値は γ よりもはるかに大きいことが多い。低温でへき開破壊した鋼の場合、$\gamma_p/\gamma \approx 10^3$ のオーダーである。つまり、補正項 γ_p の方がずっと大きく、破壊現象はき裂先端の塑性ひずみの大小に大きく依存している。

8.5 き裂がある（かもしれない）材料の強度特性の評価（破壊靭性値と応力強度因子）

さて、き裂のない材料の強度特性は、降伏応力や引張強さなど「応力」で表示される。しかし、構造部材に欠陥が存在するならば、その強度は欠陥寸法の増大とともに低下する。すなわち、欠陥材の強度特性は、応力と欠陥寸法が組合されたパラメータによって論じなければならない。

材料中にき裂がある場合には、そのき裂が進展することによって破壊が起こる。したがって、き裂先端に働く力にどれだけ材料が耐えられるかで破壊強度が決まる。このき裂先端の応力の度合いを示す指標は、

$$K_{\mathrm{I}} = \sigma_\infty \sqrt{\pi a} \tag{8.3}$$

σ_∞: 外部応力

と書くことができる（注 1）。

この K_{I}（ケー・ワン）は、“stress intensity factor”（応力強度因子）と名付けられ、日本では応力拡大係数という訳語が使われている。K_{I} の添え字Iは、破壊の際

（注 1）　図 8.3 に示すき裂先端の応力場は、

$$\sigma_y = \frac{\sigma_\infty x}{\sqrt{x^2 - a^2}}$$

と書ける。ここで x は、き裂中心からき裂先端方向を x 軸としたときの距離である。き裂先端（$x = a$）のごく近くの様子を知るため，（$x = a + r$）とおいて代入し、r が a に比べてずっと小さい（$r \ll a$）という近似を使って式を変形すると、

$$\sigma_y = \sigma_\infty \sqrt{\frac{a}{2r}} \left[1 + \frac{3r}{4a} - \cdots \right] = \sigma_\infty \sqrt{\frac{a}{2r}}$$

となる。これを書きかえると、

$$\sigma_y = \sigma_\infty \sqrt{\frac{a}{2r}} = \frac{K_{\mathrm{I}}}{\sqrt{2\pi r}}$$

$$K_{\mathrm{I}} = \sigma_\infty \sqrt{\pi a}$$

となる。図 8.3 には、き裂先端から離れると応力場がどのように変化するかを示してある。

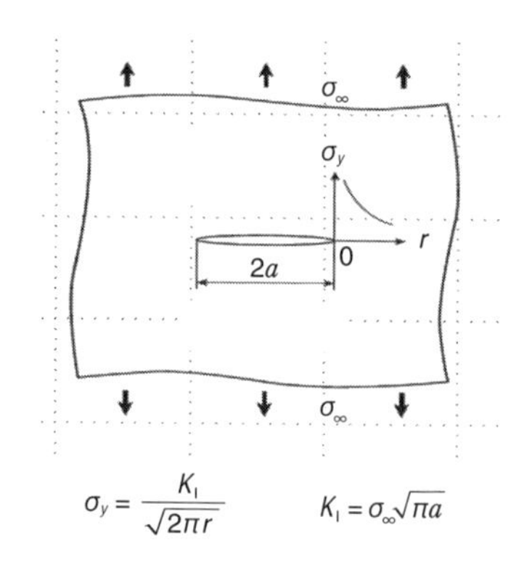

図 8.3　き裂先端の応力場

図中に示した式では、き裂先端（$x=a$、$r=0$）には無限大の応力が作用することになるが、これは結晶構造を無視して連続体としたためで、実際は、有限の大きさにとどまる。応力強度因子（応力拡大係数）K_{I} は、応力 σ およびき裂の径 a の平方根に比例し、き裂先端にかかる力の大きさを示している。

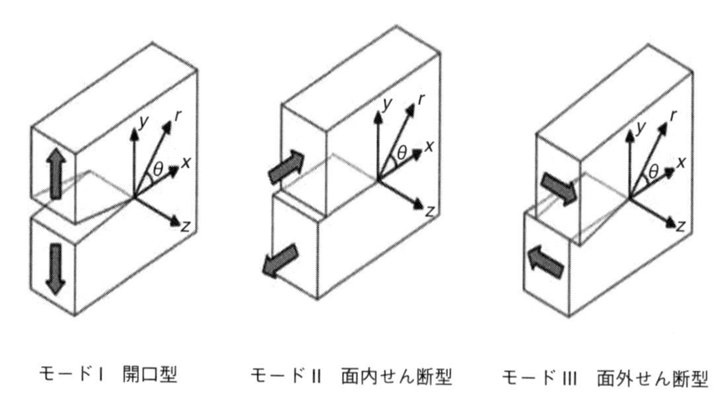

図 8.4　き裂の３つのモード

き裂（ひび割れ）を開く方向に力がかかるモードⅠ、き裂を面内方向へ滑らすモードⅡ、き裂を面外に滑らすモードⅢがある。実用上もっとも重要なのはモードⅠである。

のモードⅠ(き裂を垂直に割くモード）を示す。図 8.4 に 3 種のモードを示した。

この応力強度因子（応力拡大係数）K_{I} を用いて脆性破壊を表現すると次のようになる。まず、ある部材に図 8.3 に示したような半長が a であるき裂が存在するとしよう。この部材に外部応力 σ_{∞}を負荷し、その値をしだいに増加させる。これに伴って、(8.3) 式で定義した応力強度因子 K_{I} も増加していく。そして、この応力強度因子 K_{I} が材料固有のある値に達したときに、き裂が巨視的に進展して脆性破壊が起こると考える。この材料固有の値を K_{IC}（ケー・ワン・シー）と表記して、臨界応力強度因子と定義する。

$$K_{IC} = \sigma_f \sqrt{\pi a} \tag{8.4}$$

この臨界応力強度因子 K_{IC} は破壊靱性値と呼ばれ、材料の脆性強度、破壊現象を論じる際に最も重要となる量である。

(8.4)式の σ_f に(8.2)式を代入すると、

$$K_{IC} = \sqrt{2\gamma' E}$$

となる。すなわち、破壊靱性値は、ヤング率と実効表面エネルギーにより定義される材料物性値である。

8.6　強度と破壊靱性値の関係

鉄のように、ねばり強い材料は破壊靱性値が高い。セラミックのように脆い材料は、強度は非常に高いが破壊靱性値は低い。たとえば、強靱化した鋼（マルエージング鋼、注2）での破壊靱性値は 112 MPa$\sqrt{\mathrm{m}}$ であるのに対し、熱衝撃に強いとされるセラミックである窒化ケイ素（Si_3N_4）でも 5.3 MPa$\sqrt{\mathrm{m}}$、石英ガラスでは 0.8 MPa$\sqrt{\mathrm{m}}$ 程度である。破壊靱性値は「耐き裂進展性」を示す量で、強度や硬さとはかならずしも比例しない。むしろ、炭素鋼では、炭素含有量が増えると硬さは増すが、靱性は減るという逆傾向を示す。

実際の測定では、破壊靱性は試験片形状に依存する。試験片の幾何形状のうち重要なパラメータは、試験片板厚、き裂の長さと幅、き裂先端の曲率である。破壊靱性は、板厚が十分大きいときに最小値をとり、その最小値が平面ひずみ破壊靱性であり、この限界値を K_{IC} とする。

載荷方法は、（シャルピー試験では衝撃力だが）試験片にかける荷重を少しずつ増加し、き裂が伝播する荷重を求め、その値を所定の式に代入して K_{IC} の値を計算する。

（注2）　低炭素マルテンサイト鋼を 500 ℃ 前後にエージング（加熱）して合金元素を析出させ、さらに強靱化した鋼。

コラム　マスターカーブ法

脆い材料の強度を扱う破壊力学は、比較的新しく発展した分野であり、軽量で高強度の航空宇宙材料の設計や強度評価に役立ってきた。ASTM Standard E 399（注3）は、この種の材料の破壊靱性値評価のために規定されたものである。これを構造用鋼に適用すると、非常に大きな寸法の試料を作成する必要があり、現実的でない。構造用鋼（原子炉圧力容器鋼）は、降伏応力が低いこと、延性から脆性へ移り変わる温度領域ではデータのばらつきが大きいことなど、航空材料とは異なる点が多く、合理的な試験方法を確立するために詳細な検討が必要であった。1970年代のはじめに、原子炉圧力容器鋼への破壊力学応用に関するタスクグループが米国を中心に発足した。

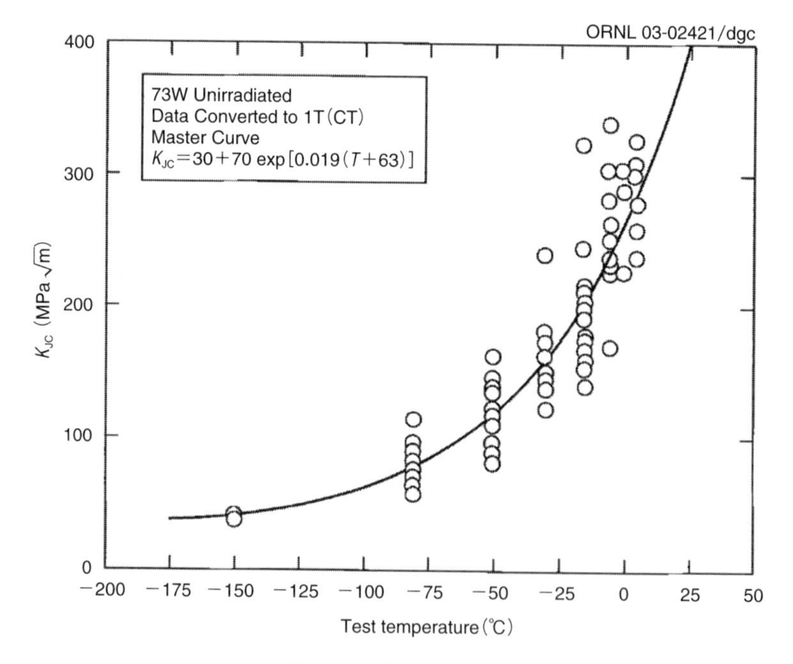

図 8.5　マスターカーブ法

マスターカーブの一例。溶接金属73Wの未照射材の結果で、いくつかの温度で測定した破壊靭性データの中央値を通るように曲線の式のパラメータを決める。その結果、曲線が K_{JC}＝100 MPa $\sqrt{m}$ を通る温度を参照温度 T_0 とする。この曲線では、T_0＝−63 ℃である。データ点をプロットする際、厚さ補正などを行っている。詳しくは文献［1］を参照。

（注3）ASTM: American Society for Testing and Materials（米国試験材料協会）
E399のタイトルはStandard Test Method for Plane-Strain Fracture Toughness of Metallic Materials

マスターカーブは破壊靱性と温度の関係を規定する曲線である。その形状はフェライト鋼材では種類によらず一定で、鋼材による違いは、温度軸に沿ってマスターカーブをシフトさせることによって表される。その汎用性ゆえにマスターカーブと称される。破壊靱性測定値の分布の中間値が 100 MPa$\sqrt{\mathrm{m}}$ となるような温度を参照温度 T_0 と定義し、マスターカーブの位置を特定する指標として用いられる。したがって、マスターカーブを決定するということは、T_0 を求めることにほかならない。

図 8.5 に示した破壊靱性曲線は、

$$K_{\mathrm{JC(med)}} = 30 + 70\exp[0.019(T - T_0)]\ \mathrm{MPa}\sqrt{\mathrm{m}} \qquad (8.5)$$

の形をしている。複数温度での測定値がある場合は、曲線が全体として最適な中央値を通るように T_0 を決める。図 8.5 に一例を示す[1]。ここで K_{JC} は K_{IC} と本質的に同じである[2]。この T_0 をもとに 5%および 95%信頼区間が与えられる。

マスターカーブ法を用いた解析は、測定データ全体を反映してその中央値を求め、5%および 95%信頼区間も設定できることから、適切に使うならば日本が規制に使っている日本電気協会の JEAC4206-2007（後述）で採用されている K_{IC} 曲線の決定法に比べ優れていると考えられる。マスターカーブ法は現在進められている JEAC4206-2007 改訂の柱になっている。

コラム　脆性破壊で起こった海難事故

初航海でイギリスからニューヨークへ向かっていた豪華客船タイタニック号は、1912 年 4 月 14 日夜、ニューファウンドランド沖で氷山に衝突し、その衝撃で外板のリベット（鋲打ち）からのき裂で脆性破壊を起こして沈没したとされる。事故後の調査では、外板に使われていたのは脆性遷移温度が 27℃という劣悪な鋼材だった。

第二次世界大戦中に米国では多数（約 2500 隻）の全溶接の標準輸送船（リバティー船）がつくられたが、約 250 隻が致命的な破損を起こしたという。そのうちの 10 隻ほどは、静かな海上で突然真っ二つに割れるという事故だった。その一例として、スケネクタディー号の外板が大破断した（図 8.6）。いずれも溶接部周辺の熱影響部から割れが発生し、一気に破断した。

図 8.6　スケネクタディー号

戦後の日本でも、ぼりばあ丸やカルフォルニア丸などのタンカーが相次いで破損するという事故が起こった。これらの深刻な事故を経験して、脆性破壊の研究は進んだが、船舶業界では脆性破壊は今でももっとも恐れられている事象である。

文 献

［1］ Donald E. McCabe, John G. Merkle, and Kim Wallin: An Introduction to the Development and Use of the Master Curve Method, ASTM Stock Number: MNL52, ISTM International
［2］ 金沢武、越賀房夫：脆性破壊２＝破壊靭性試験、培風館、1977
田中啓介：材料強度学、丸善、2008
岡村弘之：線形破壊力学入門、培風館、1976
土居恒成訳　J.E. ゴードン著：強さの秘密、丸善、1999

Part 3

原子炉材料とその経年劣化

9章

原子、原子核、核分裂

原子は、不変・不滅であると考えられてきたが、19世紀末、ベクレル（Antoine Henri Becquerel）やキュリー（Pierre Curie と Marie Curie）によって放射能が発見され、原子が別の原子に変わりうることもわかってきた。さらに、1938年、ハーン（Otto Hahn）とマイトナー（Lise Meitner）によって原子が核分裂によって2つの原子になることが明らかにされ、この世紀の大発見が核の時代を招き寄せた。ウランやプルトニウムの核分裂によって発生する莫大なエネルギーは、まず原子爆弾（核兵器）として戦争に使われ、ヒロシマ・ナガサキの悲劇を生んだ。「平和利用」としての原子力発電も深刻な放射能汚染を引き起こしている。

9.1 原子と原子核

物質はすべて原子から構成されている。原子は、原子核と電子でできている。最も軽い原子は水素であり、（天然に存在する元素で）最も重い原子はウランである。原子核のまわりを回る電子の数は、原子核のなかの陽子の数と同じである。陽子にはプラス（＋）の電気、電子にはマイナス（－）の電気があり、全体として電気的に中性になっている。

水素（H）の原子核は陽子1個だけで中性子はない。陽子1個と中性子1個から成る原子核をもつ原子を重水素とよび記号Dで表す。陽子1個と中性子2個であれば三重水素（トリチウム）とよび記号Tで表す。このように陽子数が同じ元素を同位体（アイソトープ）または同位元素という。これらの同位元素を含む水分子は、普通の水 H_2O（軽水とよぶ）と化学的性質が同じなので、分離するには大変な手間とエネルギーがかかる（注1）。

原子の直径10^{-10} m 程度であるのに対し、原子核の直径は10^{-14} m ないし10^{-15} m 程度で、1兆倍すると100 m に対し数mmになる。

ウランの元素記号はUで、原子番号は92である。原子核中の陽子と中性子の合計の数を質量数という。原子の化学的性質は原子番号によって決まる。ある特定の原子を表すときには、元素記号、原子番号、質量数の3つを用いて、

$$^{\text{質量数}}_{\text{原子番号}}\text{元素記号}$$

と表記する。ウランの場合、天然に存在する3つの同位体ウラン234、ウラン235、ウラン238があり、$^{235}_{92}U$、$^{238}_{92}U$などと書く。原子番号を省略して、^{235}U、^{238}Uと書くこともある。ウラン全体の0.7%が核分裂性のウラン235で、99.3%がウラン238である。ウラン234は10万分の6とわずかである。

9.2　ウランの核分裂

ある種の原子核に中性子がぶつかると、分裂して2つの軽い原子を生成する。これを核分裂反応という。

図9.1に示すように、ウラン235の核分裂の際、中性子が2個または3個発生する。分裂して生じた塊を核分裂生成物（fission product: FP）とよぶ。分裂のしかたは様々であるが、2つの塊の大きさ（質量）の比は3：2程度である。核分裂生成物として約40種もの元素（同位体を含めて数えればほぼ100種類）が発生する。とくに、ヨウ素131、セシウム137、ストロンチウム90などは原発事故による汚染・被ばくの主要な核種である。

1回の核分裂あたりに発生するエネルギーは、約200メガ電子ボルト（MeV）で、その大部分は核分裂生成物の運動エネルギーである。ウラン235の1グラムが核分裂する際に発生する熱量は、およそ石炭3トンの発生熱量に等しいとされる（注2）。

核分裂の際に生まれる中性子は、数メガ電子ボルトのエネルギーをもつ。核分裂によって飛び出した高速中性子は、周囲の物質と衝突を繰り返し、その物質の温度

（注1）　トリチウムはβ線（18.6 keV）を放射してヘリウム3（^{3}He）へと変わる（β崩壊）。半減期は12.32年である。放射能が1000分の1以下に減少するには120年以上かかる。福島原発事故で発生した放射能汚染水は、トリチウム除去ができないため海に放流できず、原発サイトには保管用のタンクが林立している。

（注2）　ウラン235を1グラム取り出すには、ウラン鉱石3ないし4キログラムを必要とし、ウラン鉱山には放射能汚染した10キログラム以上の土が残され、廃棄物として6兆ベクレル（Bq）の“死の灰”が残される。1ベクレルは1秒に1回崩壊する放射能の量。

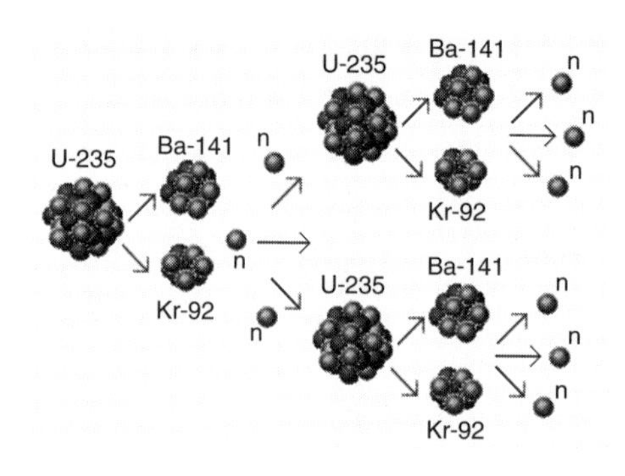

図 9.1 ウラン 235 の核分裂と連鎖反応

ウランの原子核が分裂して2つの新しい元素（いろいろあるが、この図ではバリウム 141 とクリプトン 92）の原子核が生まれる。これを核分裂生成物（fission product: FP）という。核分裂の際、2つないし3つの中性子が発生し、その中性子が他のウラン 235 原子核と衝突することにより連鎖反応が起こり、核分裂が持続する。

と見合った速度になる。これを熱中性子または遅い中性子という。核分裂の際に飛び出した高速中性子と熱中性子のエネルギーと速度は、

	エネルギー（eV）	速度（km/s）
高速中性子	およそ 1 M	およそ 20,000
熱中性子（～300 K）	0.025	2.2

であり、“遅い”中性子といっても、新幹線列車の数十倍、音速の 7 倍くらいの速さである。

9.3 核分裂の持続

ウラン 235 が核分裂する際、平均 2.5 個の中性子が発生する。そのうち、少なくとも 1 個が他のウラン 235 原子に衝突して核分裂を起こせば、その繰り返しにより核分裂が持続する（図 9.1）。この状態を臨界という。熱中性子は高速中性子に比べ、ウラン 235 を核分裂させる割合がおよそ 500 倍も大きいので、臨界を実現するに必要なウラン 235 の量は少なくてすむ。ウラン 235 のみに濃縮する必要はなく、ウラン 238 が混合していてもかまわない。

発電用原子炉（軽水炉）では、ウラン 235 が 3～5% 程度の低濃縮ウランを用いた酸化ウランを燃料とし、中性子の減速用に軽水を使用している。直径 1 cm の円

コラム　エネルギーの単位：電子ボルト eV、ジュール J

電子ボルト (electron volt: eV) は、電子を1ボルトの電位差で加速したとき、電子が得るエネルギーで、ジュール (J) とは以下の関係にある。

$1\,\mathrm{eV} = 1.602176565 \times 10^{-19}\,\mathrm{J}$

1ジュールは、1ニュートン (N) の力が物体を1メートル動かすときの仕事である。くだいていうと、1ジュールは約100グラム（小さなリンゴくらいの重さ）の物体を1メートル持ち上げるときの仕事に相当する（図9.2）。

図 9.2　1ニュートンの力とはどんな大きさか？小ぶりのリンゴを拳に載せたときに感じる程度の力

柱状の燃料（ペレット）の中心部は2000 ℃を超えているのに、それを収納している厚さ1 mm程度の被覆管の外部は300 ℃の水に接している。かつて、「原子炉からの放射性物質の漏洩は5重の壁により防がれている」と安全性が強調されたが、その壁のひとつであるという燃料被覆管はこうした大きな温度差のもとで使われており、原子炉が綱渡りの技術であることを示す一例である

9.4　ウランの濃縮

上で述べたように天然ウランには、核分裂を起こさないウラン238が99.3%、核分裂を起こすウラン235が0.7%含まれている。核分裂連鎖反応を起こしやすくさせるために、ウラン235の濃度を高める技術が開発された。

ウラン238とウラン235は化学的性質にほとんど差異はないので、中性子3個分のわずかな質量差を利用して分離しなければならない。ガス拡散法や遠心分離法といった質量差を利用した同位体分離技術が一般に用いられる。ほかにも、レーザー法、化学法（イオン交換法）などがある。

ウラン濃縮の工程から得られる生成物は、ウラン235の割合が高められた濃縮ウランとウラン235の割合が減じられた劣化ウラン（depleted uranium、減損ウランともいう）である。濃度が20%を超える生成物を高濃縮ウランという。

原子力発電所で用いる低濃縮ウラン燃料と、原子爆弾に用いる高濃縮ウラン燃料の製造工程が原理的に同じであるため、ウラン濃縮に関わる物資や技術は国際原子力機関（IAEA）の監視下に置かれている。

コラム　劣化ウランは何に使われているか

劣化ウランの総量は、アメリカに約73万トン、フランスに約30万トン、日本に約1万トン、世界全体で約150万トンにもなる。

ウランの比重は19で、鉄の2.5倍、鉛の1.7倍もある。高密度のため、民間航空機の主翼や水平尾翼、垂直尾翼のカウンターウエイト（重り部品）として使われてきた。民間旅客機のボーイング747機の場合は最大400 kgを搭載している。しかし、日航機の御巣鷹山墜落事故（1985年）を契機に使用が控えられ、民間機ではタングステン（比重19）への切り替えが進められた。

ウランは比重が大きいので、砲弾用材料としても最適である。兵器用に加工すると貫通力が強く、射程距離が長く、また、風の影響も受けにくいために、命中精度が高い砲弾が製造できるからである。劣化ウラン兵器は、1991年の湾岸戦争で米軍により大量に使用された。イラク南部のバスラ周辺地域を中心に、戦車砲弾や機関砲弾合わせて100万発以上もの劣化ウラン弾が使われたといわれている。その結果、350トンの劣化ウランを環境中に残し、3～6トンの劣化ウランエアロゾル（微粉末の煙）を大気中に放出したとされる。放射能毒性と重金属毒性が重なって、大きな健康被害を生んでいる。

10章

原子炉で使われる材料

原子炉の心臓部は炉心である。核燃料には二酸化ウランが使われ、その被覆材には核分裂の妨げにならない物質（中性子を吸収しにくい物質）が使われる。一方、制御材には核分裂を抑える物質（中性子を吸収しやすい物質）が使われる。炉心まわりの物質では、材料の核的性質――中性子との相互作用――が重要である。

高温・高圧の炉心を保護する圧力容器には、分厚い低合金鋼が使われるが、炉心からの中性子を浴びて劣化する照射脆化が最大の問題である。原子炉内には、炉心の熱を運ぶ高温・高圧の炉水が循環しており、炉水と接触する機器・配管などには耐食性の高いステンレス鋼やニッケル合金が使われている。

10.1 発電用原子炉の種類

日本で使われている原子力発電炉は、蒸気を発生させるしくみの違いによって沸騰水型原子炉（BWR）と加圧水型原子炉（PWR）とがある。それぞれの発電炉のどの場所で材料の破損による事故やトラブルが起こったかを図示する（図 10.1、図 10.2)。BWR、PWR とも、その炉形は多少違っているが、一枚の図に破損箇所を重ね合わせた。

沸騰水型原子炉（boiling water reactor: BWR）（図 10.1）

核分裂により発生した熱で、炉内で水が水蒸気になり、直接タービンに送られて発電機を回す。運転条件は、温度 280 ℃、圧力 70 気圧（7 MPa）である。構造はシンプルであるが、蒸気は放射性物質を含むので、タービンや復水器についても放射線の管理が必要となる。

図 10.1 を見ると、炉内の水を攪拌する再循環系とよばれる配管で多数のトラブ

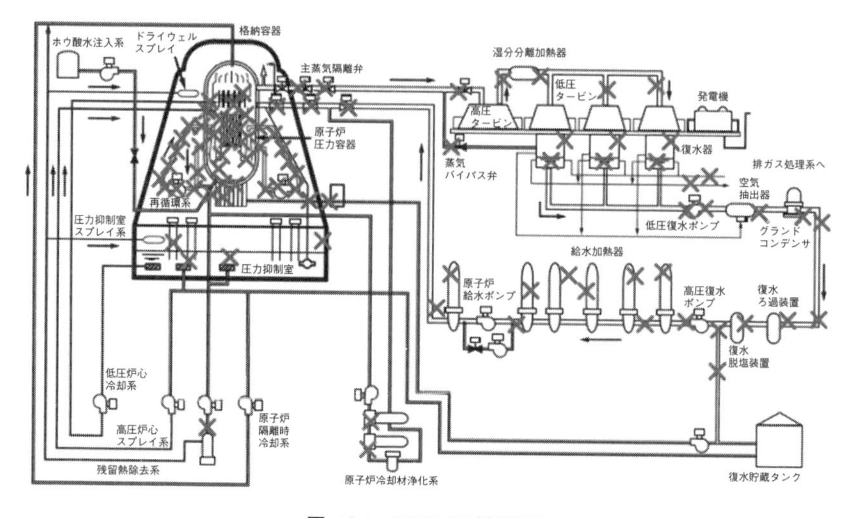

図 10.1　BWR の破損箇所

沸騰水型原子炉（BWR）の仕組みと主な事故・トラブル発生箇所

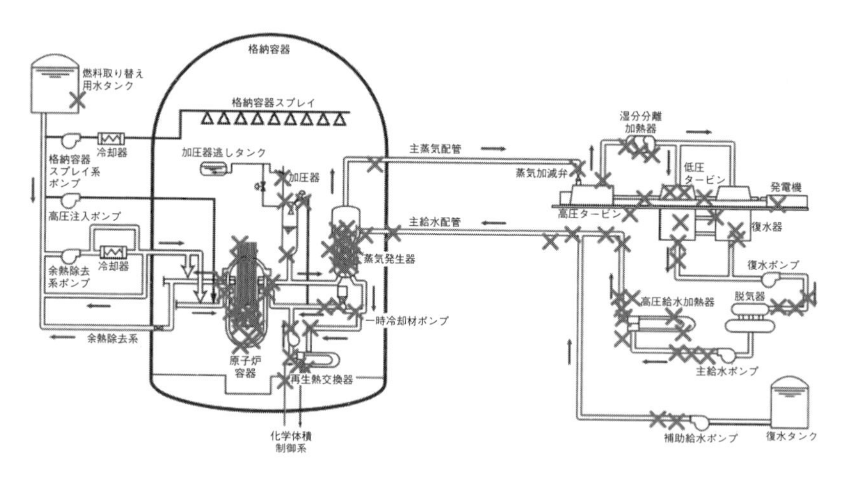

図 10.2　PWR の破損箇所

加圧水型原子炉（PWR）の仕組みと主な事故・トラブル発生箇所

ル（後述する応力腐食割れ）が起こっている。改良沸騰水型原子炉（advanced boiling water reactor: ABWR）では、再循環ポンプを圧力容器内に設置したので、耐震上の弱点でもあった再循環系配管はなくなったが、その代わり炉内下部に設置した再循環ポンプのモーターケーシングの耐震脆弱性が指摘されている（15 章参照）。

加圧水型原子炉（pressurized water reactor: PWR）（図10.2）

原子炉圧力容器内で315 ℃に加熱された水は、BWRよりも高い圧力150気圧で一次系統の配管を循環する。この高温・高圧の水を蒸気発生器に導き、薄い管壁を介してその熱を二次系統の配管を流れる水に伝え、蒸気を発生させてタービンを回す。放射性物質を含んだ水がタービンや復水器に行かないため、タービンなどの発電部分に関するメンテナンスはBWRに比べれば楽であるが、図10.2に示すようにその蒸気発生器で多数のトラブルや事故が発生している。後述の美浜原発2号機の事故は蒸気発生器伝熱細管の疲労破壊によるものである。

10.2　核燃料と燃料棒まわりの材料（被覆材、制御材、減速材）

核 燃 料

天然ウランに0.7％含まれている核分裂性のウラン235を3〜5％に濃縮したものを二酸化ウラン（UO_2）とし、その粉末を焼き固めて、直径および高さが約1 cmのペレットに成型したものを核燃料として用いる。二酸化ウランは融点約2800 ℃で、構造的強度があること、熱伝達特性が良いことなどの要件を満たす物質として選定された。

核燃料被覆材

UO_2ペレットは、長さ約4メートルの被覆管に一列に積み重ねて挿入され、不活性ガス（ヘリウムなど）を充填して溶接・封入される。燃料被覆管は、核燃料が放出する放射性物質を外部に漏らさないように封じ込めるために用いられる。燃料被覆管は、内側からの高圧および高温に耐え、冷却材（水）との化学反応を起こさないことが必要である。また、核分裂反応を継続させるうえで重要な熱中性子を吸収しないこと、熱伝導率が高いこと、加工性が良いことが重要な条件で、使用後の燃料の再処理が容易に行えることも求められている。

表10.1に主要元素の熱中性子吸収断面積の値を示す。吸収断面積の大きさにより3つに区分して示した。吸収断面積とは、吸収の大きさを標的（原子核）の面積として示したものである（注1）。原子核の物理的サイズではない。吸収断面積の

（注1）　**断面積の単位「バーン」・・・納屋ほども大きな的**
ボールを標的に当てる場合、その命中率は標的の大きさに比例する。衝突のしやすさは粒子が飛んでくる方角における標的の断面積（cross-section）によって決まる。核反応の場合、断面積の単位として、バーンが用いられる。バーン（barn）は英語で「納屋」の意味。「納屋ほども大きな的」（もちろん実際には非常に小さい）というジョークで、この名称は、第二次大戦中の核兵器の開発者の間で使われ出したものであると言われる。

表 10.1　元素の熱中性子吸収断面積

A群			B群			C群		
元　素		barn	元　素		barn	元　素		barn
O	酸素	0.0002	Nb	ニオブ	1.1	Mn	マンガン	12.6
D	重水素	0.0005	K	カリウム	2.1	W	タングステン	19.2
C	炭　素	0.0035	Mo	モリブデン	2.4	Ta	タンタル	21.3
Be	ベリリウム	0.01	Fe	鉄	2.43	Co	コバルト	34.8
Mg	マグネシウム	0.063	Cr	クロム	3.1	Hf	ハフニウム	155
Si	ケイ素	0.17	Cu	銅	3.5	Hg	水　銀	380
Pb	鉛	0.17	Ni	ニッケル	4.5	B	ホウ素	750
Zr	ジルコニウム	0.18	Ti	チタン	6.1	Cd	カドミウム	2400
Al	アルミニウム	0.23						
H	水　素	0.33						
Na	ナトリウム	0.53						

1 barn＝10^{-28} m^2　A群：中性子をほとんど吸収しない元素、B群：中間の断面積をもつ元素、C群：中性子の吸収が大きい元素

小さいA群の元素のうち、構造材料としての強度があり、融点が高いことからジルコニウム（Zr）が被覆材として最適であるとして使われている。材料強度および耐食性を改善するため、スズや鉄、クロムなどの元素を添加した合金（商品名：ジルカロイ）が用いられている。

図 10.3 に、燃料棒とその周辺で使われている金属材料の詳細を示す。

被覆管に用いるジルコニウム合金はハフニウム（Hf）が含まれないように精製されていなければならない。表 10.1 の C 群に属するハフニウムは、中性子吸収断面積がジルコニウムの数百倍できわめて大きく、核燃料の連鎖反応が進まなくなってしまうためである。一般に工業用ジルコニウムは 1% ないし 5% のハフニウムを含んでおり、原子炉級純度（100 ppm 以下）に精製したものは工業用に比べ約 10 倍の価格となる。なお、分離されたハフニウムは制御棒に用いられる。ジルコニウムは水素と反応しやすいので、製造および使用環境において雰囲気中の水素濃度に留意する必要がある。

原子炉が通常の運転状態で到達する炉水の温度（300 ℃前後）では、ジルコニウムと水は反応しない。福島原発事故では、冷却水の循環が停止して蒸発により炉水面が低下し、燃料棒が露出し非常な高温（2000 ℃以上）となったと思われる。高温になったジルコニウム合金に、（液体の水ではなく）冷却水の蒸発によって生じた水蒸気が触れ、水素が発生し、爆発の原因になったと考えられている。

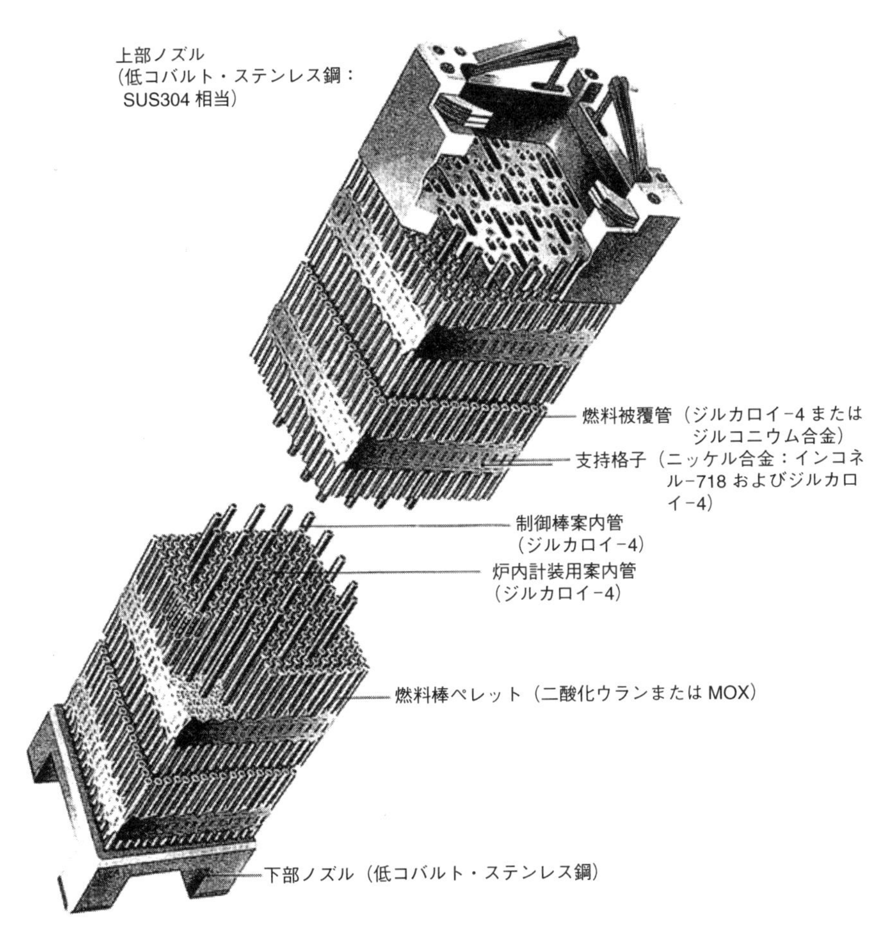

図 10.3　燃料棒とその周辺の材料

この図には、燃料棒ペレット（二酸化ウラン）、燃料被覆管（ジルコニウム合金）、制御棒案内管（ジルコニウム合金）などが描かれている。
出典:「金属材料活用事典」産業調査会、2000

制御材

原子炉の中では核分裂によって生じた中性子による連鎖反応が起こっている。炉心の中性子数が爆発的に増えるのを防ぎ、その数を一定に保ち核分裂を継続かつ安定的に行うため、中性子数を減らす役目をするのが「制御棒」である。

制御棒は中性子を強く吸収し、しかもそれ自体が核分裂を起こさない物質（表 10.1 の C 群のカドミウムやホウ素、ハフニウム）を用いる。制御棒を原子炉の中に深く挿入すれば、原子炉の中の中性子は制御棒にほとんど吸い取られ、核分裂が起こらなくなる。制御棒を原子炉内から抜き取っていくと、中性子源から放出される中性子が引き金となって核分裂が開始され、再び核分裂連鎖反応が起こることになる。加圧水型原子炉では銀-インジウム-カドミウムの合金が、沸騰水型原子炉では炭化ホウ素（B_4C）、ハフニウムのどちらか、または両者の組み合わせが使用される。

減速材（水）

ウランの核分裂によって生じる高速中性子は、スピードが速すぎて核との衝突断面積が小さい。中性子を減速させ核に衝突しやすくするため、燃料棒は減速材の中に浸されている。中性子の速度を落とす（エネルギーを減らす）ためには、（標的）核にぶつけて相手に運動エネルギーを与えてやる。その際、中性子と同じ程度の重さの（なるべく軽い）原子核が相手であると、少ない衝突回数でエネルギーを低くできる。このため、水（H_2O）が有効である。

減速材に水を使った原子炉を「軽水炉」と呼ぶ。他の減速材としては重水やグラファイト（黒鉛）がある。外国では、それらを使った発電用原子炉も稼働している。カナダの重水減速重水冷却型原子炉（CANDU 炉）などである。重水は高速中性子の減速能力自体は軽水に劣る。水素（H）は中性子と同じ質量であるのに対し、重水を構成する重水素（D）は 2 倍だからである。しかし、中性子吸収量が小さく（軽水の 600 分の 1、表 10.1 参照）、燃料として安価な天然ウランを使用できるという長所がある。

10.3　原子炉圧力容器と炉内構造物

原子炉圧力容器はマンガン、モリブデン、ニッケルなどの合金元素を 1%前後含む低合金鋼製の巨大な構造物である。

図 10.4 に沸騰水型原子炉（BWR）の炉内構造と使用されている材料を示す。圧力容器本体は低合金鋼であるが、耐食性のある材料（ステンレス鋼など）で内張り（クラッド）されている。そのほか、炉水に接触するシュラウドや制御棒案内管などもステンレス鋼でできている。当初の鋼種は SUS304 が主だったが応力腐食割れが頻発し、炭素含有量を減らした SUS304L やモリブデンを添加した SUS316 など耐食性を高めたステンレス鋼に置き換えられた（11.3（3）参照）。

図 10.5 に加圧水型原子炉（PWR）の原子炉容器と炉内構造物に使われている金属材料の詳細を示す。なお、PWR では原子炉圧力容器を原子炉容器とよぶのが慣例になっている。炉内構造物である炉心支持板や制御棒案内管、熱輸送を行う高温

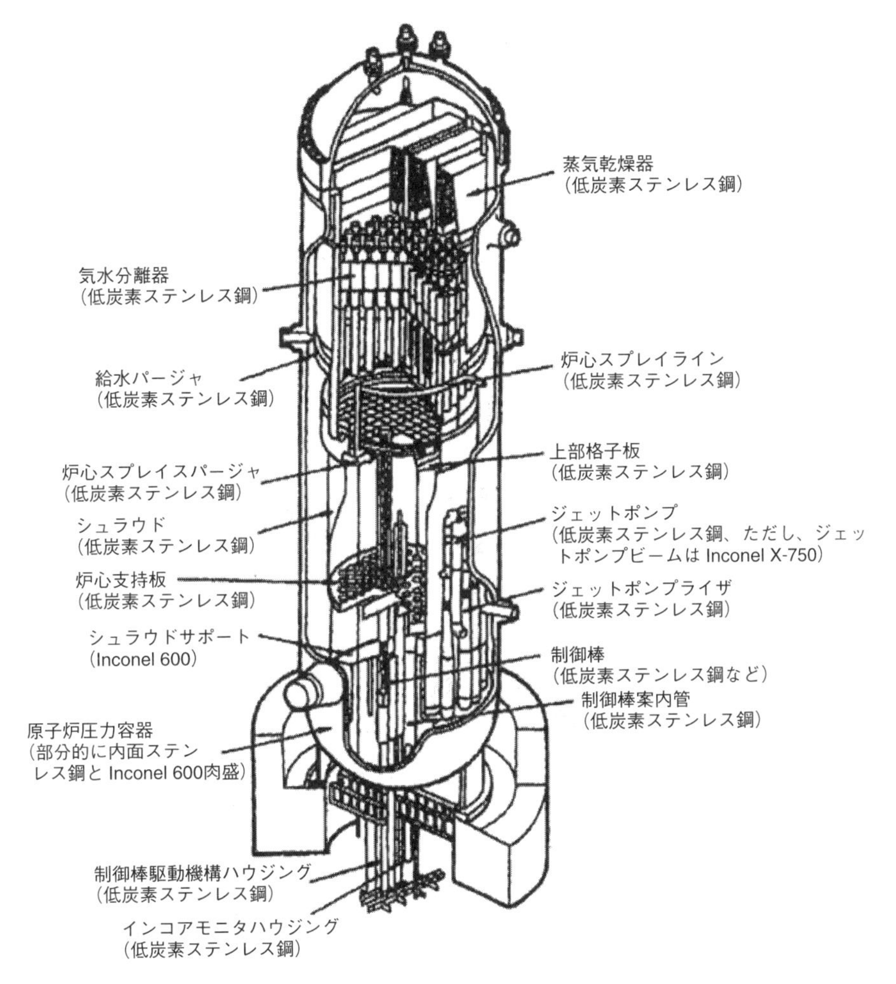

図 10.4　原子炉圧力容器と炉内構造物（BWR）

圧力容器本体は低合金鋼であるが、部分的にステンレス鋼で内張りされている。それ以外のほとんどの炉内構造物には低炭素ステンレス鋼が使われている。ステンレス鋼としては SUS316 系または SUS304 系を使用。
出典：伊藤久雄・矢島正美：火力原子力発電、34、p.1121、1983

水配管（主給水管など）には、耐食性が高いオーステナイト系ステンレス鋼 SUS304 が使われている。

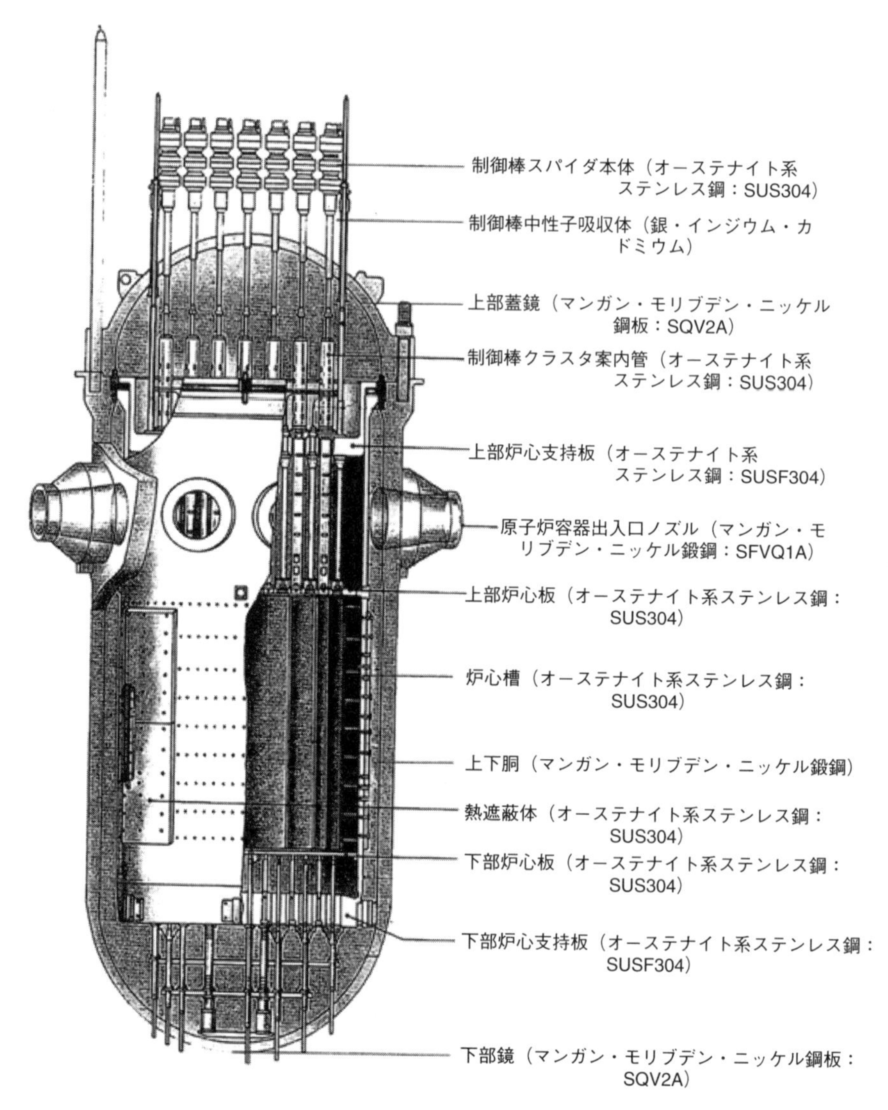

図 10.5　原子炉圧力容器と炉内構造物（PWR）

圧力容器本体とその上部蓋鏡、下部鏡は低合金鋼である。容器内面はステンレス鋼が内張りされている。制御棒はカドミウム合金、それ以外の案内管や支持板にはステンレス鋼が使われている。
原子炉容器内面はステンレス鋼肉盛。
出典：金属材料活用事典、産業調査会、2000

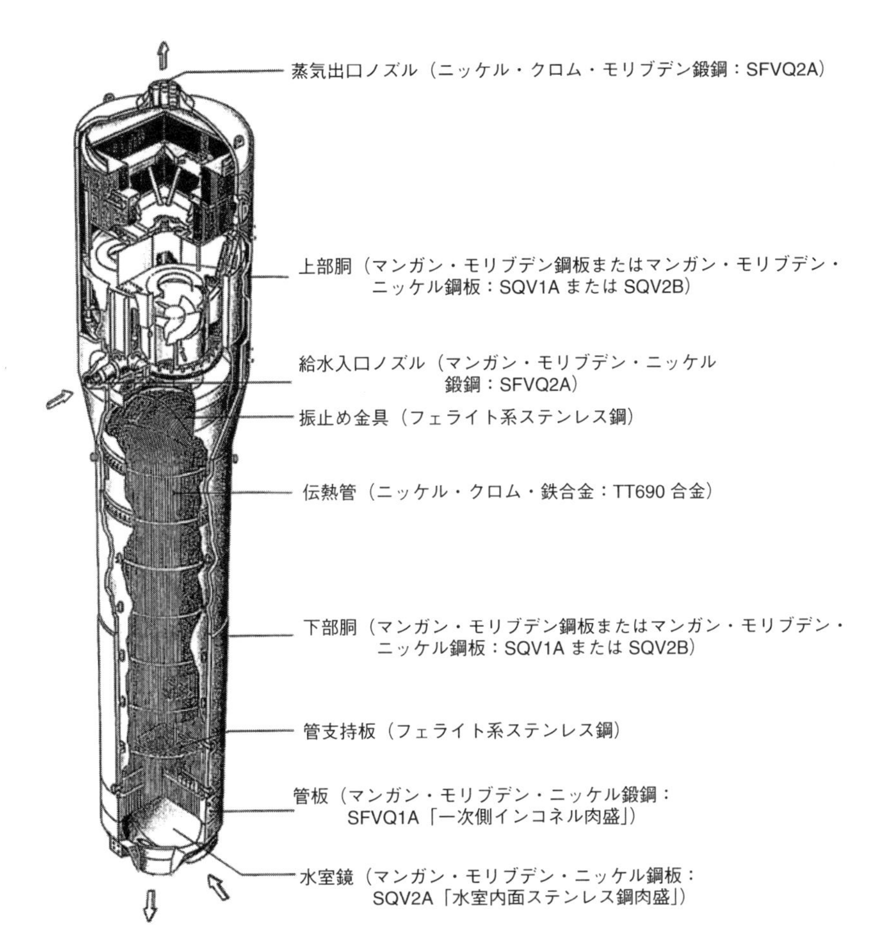

図 10.6　蒸気発生器

伝熱細管は強度があり熱伝導度が比較的大きいニッケル・クロム合金のインコネルが使われている。図中にある TT690 合金とは、700℃で 15 時間ほど時効熱処理をしたインコネル 690 をさす。蒸気発生器の本体は低合金鋼が使われている。
出典：金属材料活用事典、産業調査会、2000

蒸気発生器

図 10.6 に蒸気発生器（steam generator: SG）で使われている金属材料の詳細を示す。構造材は、圧力容器と同じく低合金鋼が使われるが、薄い管を通して熱交換を行う伝熱細管には強くてさびにくいニッケル合金が利用されている。しかし、やはりこの合金も耐食性が問題になり、インコネル 600 からインコネル 690 へと変更されている。

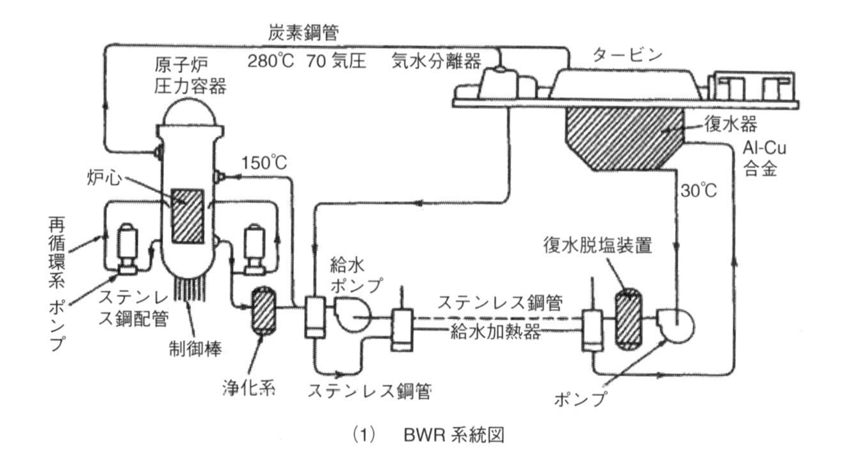

(1) BWR 系統図

(2) PWR 系統図

図 10.7 BWR および PWR の系統図（配管と主要機器）

出典：小若正倫：新版 金属の腐食損傷と防食技術、アグネ承風社、1983

配 管 系

図 10.7 に BWR および PWR の系統図（配管と主要機器）を示す。BWR の再循環系配管はステンレス製だが、主蒸気管は炭素鋼でステンレスの内張りはされていない。PWR では、1 次系配管はステンレス製だが、2 次系は炭素鋼である。

原子炉圧力容器や配管など主要な構造物に低合金鋼や炭素鋼が使われるのは、ステンレス鋼やニッケル合金に比べて安価な材料だからである。

原子炉に使われる材料は、核反応に関わる炉心周辺の材料を除いて、基本的に

コラム　材料のお値段

原発の構造物にどういう金属材料を使うかは、その特性もさることながら、お値段も重要なファクターである。

材料の値段を、原子炉構造物でよく使われている材料で比較すると、炭素鋼（普通鋼）＜低合金鋼＜ステンレス鋼＜ニッケル合金の順に高くなる。そのおよその額を記せば、

炭素鋼（冷延鋼板）	8万円/トン
低合金鋼	10万円/トン
ステンレス鋼（SUS304）	30万円/トン
ニッケル合金（インコネル600）	60万円/トン

といったところである。

ところで、これら材料の素材（原材料）のお値段は、およそ、

鉄	3万円/トン
クロム	10万円/トン
ニッケル	100万円/トン

である（2017年現在の調査結果）。これを見ると、材料の値段は、そのもとになる素材の価格（特にニッケル）でほぼ決まっているといえよう。

低合金鋼は、炭素鋼にクロムやニッケルなどの合金元素を1%程度添加して、耐食性や耐熱性などの材料特性を高めたものであるが、両者の価格はトン2万円程度（20%程度）しか違わない。しかし、BWRの主蒸気配管やPWRの二次系配管には安い炭素鋼が使われている。いかにコストが重視されているかがわかる。次章（11章）で述べるが、PWR二次系配管は使用中に管壁が削られる減肉が頻発しており、美浜原発3号機では死傷事故につながったことは記憶に新しい。

耐食性が求められる部材には、ステンレス鋼あるいはニッケル合金が使われるが、後者の方がはるかに高価である。そこで腐食が起こりやすい程度や部材の重要性に応じて、選択がなされている。ステンレス鋼が応力腐食割れを起こしやすいことは11章で述べる。

技術は、コストと性能（安全性を含む）とのバランスで選択されるという一般原則が、原発でも貫徹されている一例である。

は、通常の工業材料か、それを原発向きに改良した材料である。たとえば、耐食性をもつとして多用されているオーステナイト系ステンレス鋼 SUS304 は、18-8 ステンレスともよばれ、家庭でも流し台やスプーンやフォークによく使われている(1 章コラム参照)。品質管理が厳しく行われているが、原発だからといって特別な材料ではない。

11章

金属材料の経年劣化

金属、とくに原子炉で使われる構造材料の経年劣化で重要なのは、

- 照射損傷：中性子の照射を受けて、圧力容器や炉内構造物の内部に欠陥が徐々に作られ、経年劣化してゆく原子炉特有の現象
- 金属疲労：降伏には至らない程度に繰り返しの力を受け、金属の内部に欠陥が徐々に作られ拡大してゆく現象
- 腐食：環境からの化学的な作用で、金属が変質してゆく現象

の3つである。

11.1 照射損傷

(1) 原子のはじき出し損傷と核変換損傷

結晶を高エネルギーの中性子で照射すると、何が起こるだろうか？ 二つのケースがある。

① 運動エネルギーを原子に渡す“はじき出し”・・・結晶格子点にある原子がはじき出されて格子欠陥ができる

② 衝突した原子核を変化させてしまう“核変換”・・・中性子を吸収して他の元素になる。その際にヘリウム、水素などの他の元素を放出する場合もある

① はじき出し損傷

質量 M_1、エネルギー E_1 の粒子が、材料（質量 M_2 の原子）に入射する場合を考えよう（図11.1)。ある原子に入射粒子が衝突して、エネルギー E_p（添え字pはprimary）を渡したとする。E_p がある値より大きければ、原子は格子点を飛び出す、

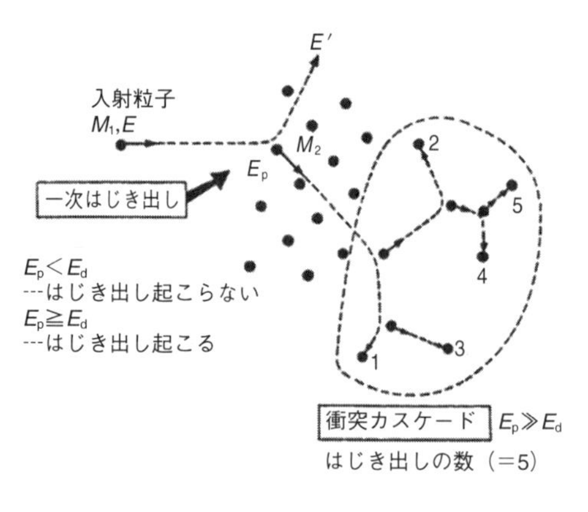

図 11.1　はじき出し損傷の模式図

質量 M_1 の粒子が結晶内の質量 M_2 の原子にぶつかると、原子をはじき出し、さらに、その原子がカスケードとよばれる連鎖的はじき出しを起こす。
出典：石野栞，蔵元英一，曽根田直樹：3. 原子のはじき出しと照射欠陥. J. Plasma Fusion Res. Vol 84, No.5, pp.258-268（2008）

すなわちはじき出しが起こる。その値をはじき出しエネルギー（displacemnt energy）とよび、E_d と表す。

$0 < E_p < E_d$　ならば、はじき出しは起こらない

$E_p \geqq E_d$　ならば、はじき出しが起こる

E_d の大きさはどのくらいだろうか？　固体中の原子はまわりの原子と結合しており、はじき出すにはその結合を断ち切る必要がある。原子間の結合エネルギーは数電子ボルトなので、E_d はその数倍の大きさである。鉄では 40 電子ボルト程度とされている。

静止位置からはじき出された原子を 1 次はじき出し原子（primary knock on atom、PKA）とよぶ（コラム参照）。

②　核変換損傷

原子核に、中性子、陽子、または他の原子核が衝突すると、全く異なった他の原子核に変わることがあり、これを核変換という。そのときに発生するヘリウム原子や水素原子が集合して物質中に残ると、物質の機械的性質に影響を及ぼす。

放射線源として利用範囲が広いコバルト 60 は、コバルト 59（同位体比 100%）を中性子照射することにより作られる。

なお、放射性廃棄物となった長寿命の核分裂生成物を「この種の核変換反応によって短寿命核種に変換して早期に放射能を減らすことができないか」という期待が繰り返されたがほとんど成果がなく、実用化に至ってはまず見込みがない。

コラム　原子のはじき出しによるフレンケル対の形成

衝突された原子が受け取る最大のエネルギー$E_{p.max}$は、

$$E_{p.max} = 4M_1M_2E_1/(M_1+M_2)^2$$

である。正面衝突したときには、いちばん効率良くエネルギーが渡され、このとき衝突された原子は最大のエネルギーを受け取る。正面衝突でなく、かすめるような衝突のしかたでは、渡されるエネルギーは少なくなる。

なお、$M_1=M_2$すなわち、衝突する粒子と衝突される粒子が同じ質量であるとき、$E_{p.max}=E_1$となることに注意しよう。このとき、飛んできた粒子M_1は静止し、M_2がすべてのエネルギーを受け取って、飛び出していく。

1メガ電子ボルトの中性子（質量$M_1=1$）が鉄原子（質量$M_2=56$）に衝突する場合を考えると、上式から$E_{p.max}$は約69キロ電子ボルトとなる。平均値はその半分の約35キロ電子ボルトとなり、はじき出しのエネルギーE_dに比べてはるかに大きい。したがって、1次はじき出し原子PKAは、2次、3次・・・と次々に他の原子と衝突して、はじき出しの連鎖が起こる。この衝突の連鎖を衝突カスケード（collision cascade）または単にカスケードと呼ぶ。図11.1に示したケースでは5個の原子がはじき出されている。この過程で原子はエネルギーを失ってゆく。

原子が飛び出したあとは原子空孔（vacancy、V）となり、飛び出した原子は、結晶格子の間に入り込んで格子間原子（interstitial atom、I）となる。VとIの対をフレンケル対とよぶ。提唱したソ連の科学者フレンケル（Yakov Frenkel）の名にちなんだ。

1個の1メガ電子ボルトの中性子がどのくらいの数のフレンケル対を作るか？
大雑把にいえば、最初にはじき出された原子の平均エネルギー35キロ電子ボルトの内、はじき出しに使われるエネルギーをその半分とすると、はじき出しのエネルギー40電子ボルトで割って、425個程度となる[1]。

なお、核分裂生成粒子はエネルギーが大きいので膨大な数の欠陥を作る。1個のウラン原子核が分裂してできた2個の核分裂生成粒子は、25,000個の原子をはじき出すと計算されている。これは核燃料棒の損傷原因となる。

(2)　照射脆化

原子炉圧力容器の中性子照射脆化

これは原子炉圧力容器鋼材が脆化して、最悪の場合には原子炉が破裂して核燃料がすべて環境中に放出されるというもっとも重大な経年劣化事象である。中性子照射によるはじき出しの結果できた格子欠陥がどのように照射脆化と関係するのだろうか。

7章で述べたように、鉄鋼材料には、延性破壊と脆性破壊という二つの破壊様式があり、図11.2に示したように、ある温度を境に、それより低温では脆性破壊、高温では延性破壊が起こりやすくなる。この境の温度を延性・脆性遷移温度（ductile-brittle transition temperature、DBTT）あるいは単に脆性遷移温度とよぶ。その移り変わりは、この温度で急激に起こるのではなく、図11.3に示したように、低合金鋼では50℃ないし100℃の広がりをもった温度幅で起こる（注1）。

それでシャルピー試験で吸収エネルギーが41ジュール（J）になる温度を脆性遷移温度と定義している（注2）。これは、シャルピー試験でエネルギー吸収値が明確に立ち上がる温度付近に相応する値である。衝撃試験での破面を観察し、脆性破壊に特徴的なつるつるしたへき開破面の割合（破面率）から求める方法も用いられる。延性破面がゼロの温度を無延性遷移温度（nil-ductile temperature、NDT）とよび、シャルピー試験で求めた脆性遷移温度（Tr30）とよい相関がある。

中性子損傷によって格子欠陥ができると、その欠陥が転位の運動を妨げ、金属は

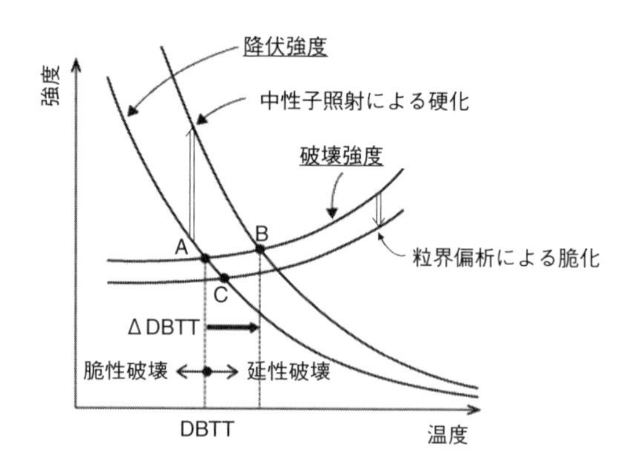

図 11.2 脆性遷移温度の考え方

脆性遷移温度は、材料が塑性変形を起こして壊れる（延性破壊）か、ひび割れが進行して壊れる（脆性破壊）か、の境の温度である。中性子照射で変形応力が上昇すれば、脆性遷移温度はA点からB点へ上昇する。また、リンなどの粒界偏析により結晶粒界が脆くなれば、脆性遷移温度がA点からC点へ上昇する。

（注1） このような広い温度幅をもつのは、脆性遷移温度の本質ではなく、ケイ素単結晶では数℃という狭い温度幅で脆性から延性への鋭い遷移が起こることが観測されている[2]。鋼では結晶粒サイズや不純物の存在などの組織的要因によってこのような幅広い遷移になるのではないかと考えられる。

（注2） 41ジュールという数値は、米国の基準30フットポンド（ft-lb）を換算したものである。それゆえ、無延性遷移温度（NDT）と区別して、この温度をTr30と書くこともある。なお、上部棚吸収エネルギーの許容下限値68ジュールというのも50フットポンドの換算である。

変形しにくくなる。その結果、図11.2および図11.3に示したように脆性遷移温度は高温側へシフトする。しかし、中性子照射で直接できる欠陥（一次欠陥という）は、空孔や格子間原子が主であり、これら原子サイズの大きさの点欠陥は小さくて転位の運動の妨げにはならない。それらが集まってできる二次欠陥であるクラスターが転位運動の抵抗になる。

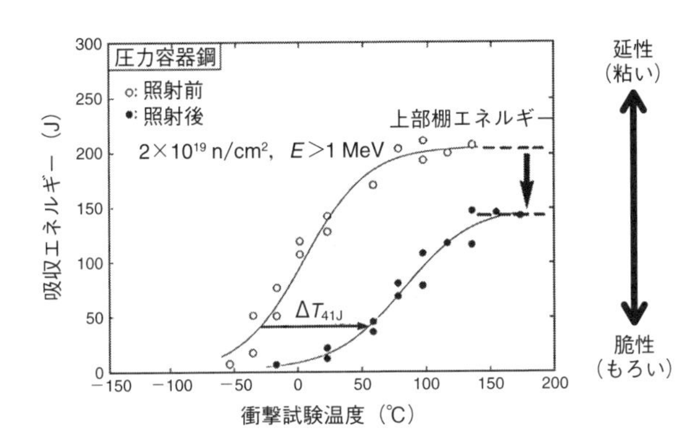

図 11.3　シャルピー試験の測定事例

シャルピー試験の測定事例（日本原子力研究所の材料試験炉JMTRでの実験）。
中性子照射により脆性遷移温度が上昇し、上部棚吸収エネルギーが低下する。

照射後あるいは照射中、材料が原子炉内のような高温に置かれると、空孔や格子間原子は結晶内を動き回り、空孔と格子間原子が出会えば対消滅し結晶格子は修復されるが、空孔どうしあるいは格子間原子どうしが出会いを繰り返せば、集合体である空孔クラスターあるいは格子間原子クラスターを形成する。この様子を図11.4に模式的に示した。なお、井野らのコンピュータシミュレーションでは、点欠陥の90%は対消滅し、クラスターとして成長するのは10%程度と計算された[3]。この割合は照射条件によって変わる。

鉄中に溶け込んでいる銅などの不純物原子もまた、照射でできた空孔の働きでクラスターを形成する。銅原子は、空孔が隣の格子位置にくることで位置交換を行うことができるようになり、結晶中を動き回って銅クラスターを形成する。照射の初期は銅クラスターの形成が盛んで硬化の主因になる。一方、照射が進んだ段階、あるいはもともと銅原子が少ない場合は、空孔クラスターなどが主因になる。

リンなどの不純物原子は、照射により結晶粒界に析出（粒界偏析）し、結晶粒界を割れやすくする。この場合は、図11.2に示したように、破壊強度が低下することによって脆性遷移温度が上昇する（12.1節も参照）。

原子炉圧力容器の中性子照射脆化の現状とその規制をめぐる問題については、章

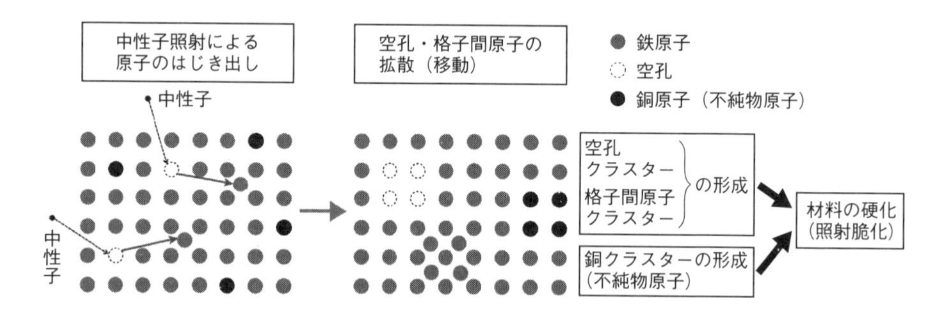

原子炉圧力容器（原子炉容器）では

1．より高い温度で脆性破壊を引き起こす‥‥ 脆性遷移温度の上昇

2．より小さなエネルギーで破壊する‥‥‥‥ 上部棚エネルギーの低下

図 11.4　中性子照射脆化のメカニズム

中性子によって原子がはじき出され、空格子点（空孔）と格子間原子ができる。鋼材がある温度（たとえば 300 ℃）に置かれると、空孔クラスターや格子間原子クラスター、銅（不純物）クラスターが形成され、結晶が硬く、脆くなる。脆性遷移温度が上昇し、上部棚吸収エネルギーが低下する。

を改めてⅣ部 12～14 章で詳しく論じる。

炉内構造物の照射脆化

原子炉圧力容器内には、炉心を保持するシュラウド（BWR の場合）や流れを制御し熱を遮る熱遮蔽板（PWR の場合）などのステンレス製の構造物がある。オーステナイト系ステンレス鋼は、フェライト鋼（炭素鋼や低合金鋼）に比べて照射脆化に強いが、炉心に近く設置されているため浴びる中性子の量は桁違いに多い。BWR の炉心シュラウドでは、炉心の高さにあるステンレス鋼材が著しく硬化しているケースが見つかっている。また、照射を受けることによってステンレスの応力腐食割れが加速した事例も見つかっている。これを照射誘起応力腐食割れ（IASCC）という。これらは経年劣化した原発に共通して起こる事象である。

11.2　金属疲労

金属材料のなかで疲労が問題となるのは鉄鋼やアルミニウム合金などの構造材料である。鉛やリチウム（電池材料）、金（接点材料）、ケイ素（半導体素子）などの機能材料と比べてみればわかるように、それは構造部材として外力に耐える役割を担っているからである。

金属が疲労を起こす際に受ける力には、機械的な外力と熱的な力がある。機械的な力としては、地震動による揺れや、ポンプやモーターの振動をひろっての日常的な揺れがある。熱的な力とは、配管や機器が熱を受けた際に、周囲から固定や拘束されていると膨張や収縮が抑えられ、材料内部に発生する応力である。このようにして発生する応力を、外力による一次応力と区別して二次応力という（15 章参照）。

(1)　疲労を評価する S–N 曲線

縦軸に応力 S をとり、横軸に疲労破断するまでの応力繰返し数 N をとって、片対数グラフ上にプロットして得られる右下がりの曲線を S–N 曲線（または S–N 線図）という。図 11.5 に測定例を示す。なお、疲労寿命 N が 10^4～10^5 回までの範囲の疲労を低サイクル疲労、それ以上の範囲の疲労を高サイクル疲労とよぶ。

鉄鋼材料では、図 11.5 に示したように、繰返し応力 S を小さくすると、疲労寿命 N は長くなり、ある限界の S 以下の応力では、疲労破壊は事実上起こらなくなる。この限界応力を疲労限度という。鉄鋼材料以外では、明確な疲労限度を示さない場合が多い。明確な疲労限度がみられない場合には、N が 10^7 回または 10^8 回となる S の値を疲労限度と見なして、設計等に用いることが多い。高サイクル疲労は、運転中の機器や流体の振動、熱応力などの比較的小さな荷重によっても起こる。

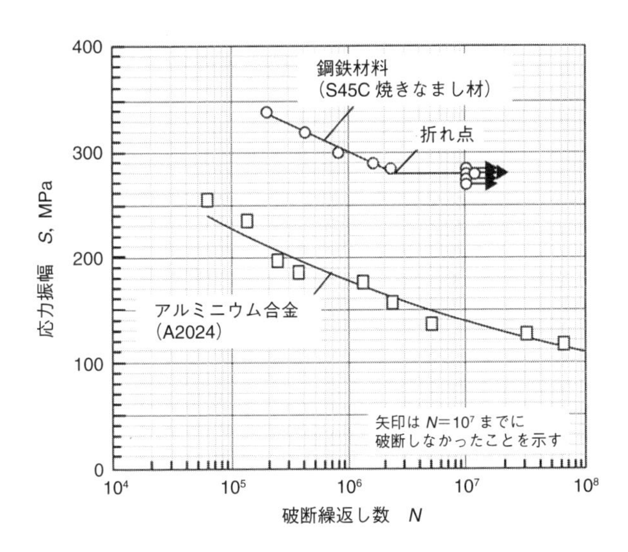

図 11.5　疲労曲線

鉄鋼材料の多くでは、それ以下の応力では疲労が起こらないという疲労限度がある。アルミニウム合金やステンレス鋼では、はっきりした疲労限度がみられないので、実用上、10^7 回の繰り返し数での応力レベルを疲労限度と見なす。

一方、低サイクル疲労は、降伏点近傍の応力振幅が大きい繰り返し荷重によって起こる（大きな地震や運転に伴う大きな荷重など）。弾性範囲を超えてマクロな塑性変形を伴うこともあるので応力とひずみは比例関係にはなく、疲労試験を応力振幅一定で行うか、ひずみ振幅一定で行うかで結果が異なる。後者の試験法では、縦軸に塑性ひずみ幅（全ひずみ範囲）をとって S–N 曲線を表す。図 11.6 にその一例を示す。

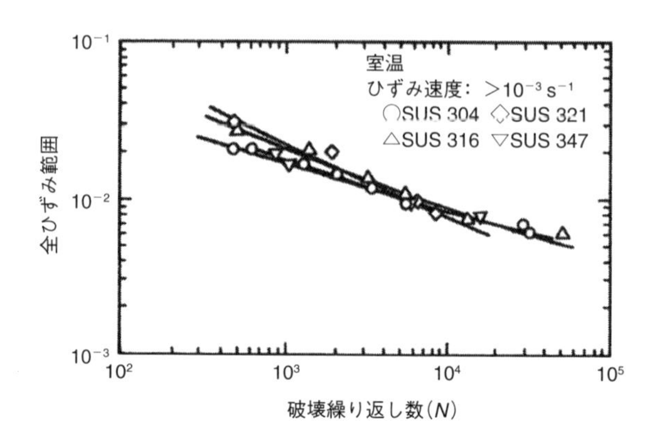

図 11.6　低サイクル疲労曲線事例

低サイクル疲労曲線の例（ステンレス鋼）。塑性ひずみが生じ得る応力レベルなので、ひずみ振幅を一定とした試験法で測定を行うことが多い。

疲労は、同じ材料でも熱処理条件や結晶粒径、内部欠陥の有無、表面状態などのわずかな違いによって、結果が大きく変わることがある。測定環境にも注意が必要である。多くの疲労曲線（S–N 曲線）は大気中で測定されている。水中など使用環境が実験環境と異なれば同じ疲労挙動にはならない。腐食環境では、疲労の進行が早くなることが知られているが、実験データが不足し理論的解明も遅れている。

(2)　疲労設計とその現実

構造設計に際しては、以下に述べる累積疲労係数が 1 を超えないように設計する。上述したように、疲労現象は、同じ材料でも（未知の）個別的条件の違いによって生じる違いが大きい。そのことを考慮して、設計に用いる疲労曲線は、疲労データの平均値を結んだ最適曲線よりも、ひずみ振幅において 1/2、繰り返し数において 1/20 という条件を満たすように作成する（図 11.7）。

累積疲労係数は、疲労を起こす原因である熱疲労、外力による疲労（機器の振動や地震動による揺れ）などをすべて合算して求める。想定される事象（たとえば地

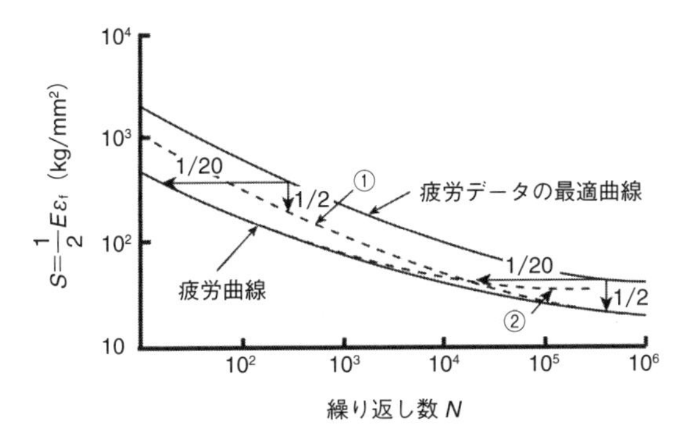

図 11.7　設計疲労曲線の作成法

縦軸の S は、ひずみ振幅 $(\varepsilon_f/2)$ にヤング率 E を乗じた見かけ上の応力振幅である。最適曲線に対して、縦軸（ひずみ振幅）について 1/2 とした曲線①と横軸（繰り返し数）について 1/20 とした曲線②の下側を連続的に滑らかに引く。

震）に際して、どれくらいの応力が発生するかという応力解析を行い、発生応力の大きさ S と発生回数 n を求める。次に、設計疲労曲線から応力 S に対応する許容回数 N を読み取り、比 n/N を求める。一般に、発生応力のレベルがいくつかあるので、それらを足し合わせて、

$$U = n_1/N_1 + n_2/N_2 + n_3/N_3 + \cdots = \sum n_i/N_i$$

を計算し、U が 1 より小さいかどうかを確認する。この U を累積疲労係数とよぶ。

累積疲労係数が大きくなる部位は、熱疲労を起こしやすい部位や地震などの揺れに弱い部位である。新規制基準適合性審査に合格し、再稼働へ進んだ原発について、累積疲労係数が問題となる事例を調べてみると、細かい数字は無意味だが、次のようである。

蒸気発生器給水入口管台（ノズル）

川内 1 号機・・・0.903
高浜 1 号機・・・0.455
美浜 3 号機・・・0.532

一次冷却材管加圧器サージ管台（ノズル）

川内 1 号機・・・0.723
川内 2 号機・・・0.709
高浜 3 号機・・・0.709
高浜 4 号機・・・0.709

一次冷却材管設備配管

川内２号機・・・0.516

高浜１号機・・・0.714

高浜２号機・・・0.877

これらは地震に対する評価値として記載されているが、経年疲労（運転中の熱疲労と機械的振動による疲労）を含んだ数値と考えられる。川内原発１号機蒸気発生器給水入口管台の 0.903 という値は、許容値１まで 0.1 以下の余裕しかない。そのほかにも注意すべき高い数値のものが多数ある。

さて、では、なぜこのような許容値ぎりぎりの評価になる原発が続発するのか。それは、基準地震動の見直しによって設備・機器の各部位における発生応力の算定が大きくなるにもかかわらず、見直し以前に設計した原発をそのまま再稼働させようとしているからである。表 11.1 に各地の原発の基準地震動がどのように変遷しているかを示す。当初、270 ガルから 450 ガル程度だった基準地震動の値が、2006 年の耐震基準の見直しにより 600 ガル前後の値に引き上げられ、さらに新規制基準の適合性審査で見直しが行われた。川内原発１号機を例にとると、建設当初は 270 ガルだった基準地震動が、2006 年改訂では倍の 540 ガルになり、現在は 620 ガルに引き上げられた（注 3）。累積疲労係数は、図 11.7 に示すような安全代（シロ）を設けているとはいえ、U=1 というのは、繰り返し荷重による塑性変形の末、材料が破断してしまう目安値である。このような数値に近づいているというのは事故発生の危険度が高いといえる。

コラム　疲労が原因で起きた原発事故

1991 年、関西電力美浜原発２号機（PWR）で蒸気発生器伝熱管でギロチン破断が発生した。細管の振動を抑える振れ止め金具がきっちり入っていなかったこと（図 11.8）に加え、伝熱用細管と支持板の隙間に腐食生成物が溜まり、異常な振動（共振現象）を起こしたことが原因と考えられる。振れ止め金具の挿入ミスは設置時からなので、それが原因の高サイクル疲労という説明がなされているが、それには疑問がある。破断面に観測されるストライエーション (striation) とよばれる筋状模様の間隔から疲労の繰り返し回数を推定すると、き裂の発生から破断まで約 3×10^4 サイクルとなる。目に見えるき裂が発生するのは、疲労サイクルの終わりの５ない

（注 3）　ガル（Gal）は加速度の単位で、地震の揺れの大きさを示す。1 Gal＝1 cm/s^2、重力加速度は 980 ガルである。

し10%程度になってからなので、全体としては3ないし6×10^5サイクル程度になるだろう。仮に毎秒10サイクルの疲労荷重を受けたとすると、疲労が進行した時間は、$3\sim6\times10^4$秒、すなわち8ないし17時間となる。設置当初（事故の18年前）からの高サイクル疲労が原因とは考えにくい。事故前のそう遠くない時期に、管の固着などの何らかの不具合で共振が始まったと考えるのが妥当であろう[4]。

疲労が原因の事故はほかにも多数ある。たとえば、敦賀原発2号機（PWR）の再生熱交換器を連結するL字型配管に長さ14センチメートルに達するひび割れが発生し、50トン以上の一次冷却水が漏れるという事故があった（1999年7月）。これは、熱交換器内を温度の異なる流体が交互に流れることによって引き起こされた熱疲労である。

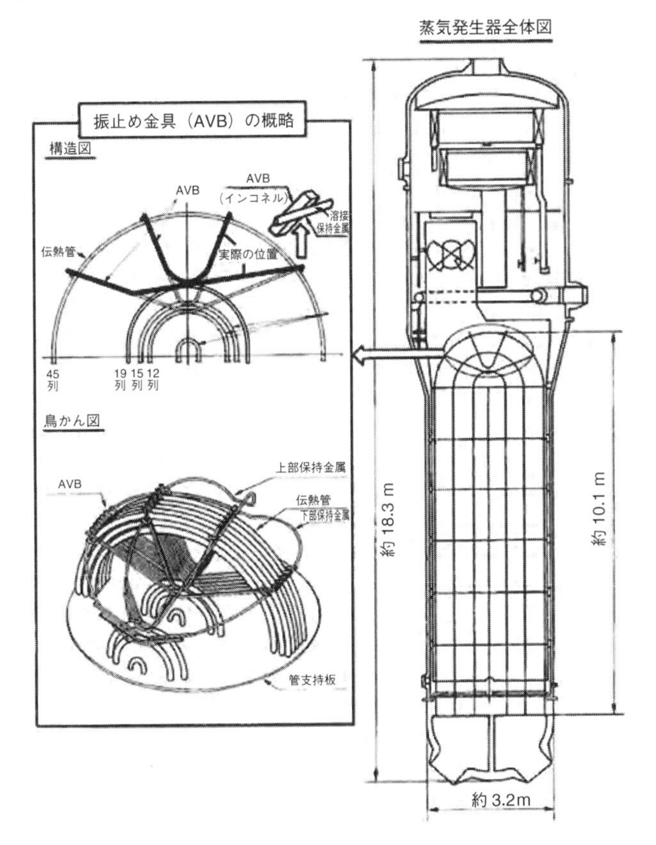

図 11.8　美浜2号の蒸気発生器細管と振れ止め金具

美浜原発2号機蒸気発生器に挿入されていた振れ止め金具の不具合を示す図。内側の伝熱管の位置まで達していなかった。運転開始時からこの状態で挿入されていたが、18年目に事故は起こった。

表 11.1　原発の基準地震動の推移

単位：ガル（Gal）
各原発の基準地震動の変遷を示す。
建設当時の設定と現在の評価では著しい違いがある。

<table>
<tr><th colspan="2"></th><th>建設当時</th><th>東日本大震災当時</th><th>現在</th></tr>
<tr><td>泊</td><td>1～3号機</td><td>370</td><td>550</td><td>620</td></tr>
<tr><td colspan="2">大間</td><td>450</td><td></td><td>650</td></tr>
<tr><td colspan="2">東通</td><td>375</td><td>450</td><td>600</td></tr>
<tr><td rowspan="3">女川</td><td>1号機</td><td rowspan="3">375</td><td rowspan="3">580</td><td>未申請</td></tr>
<tr><td>2号機</td><td>1000</td></tr>
<tr><td>3号機</td><td>未申請</td></tr>
<tr><td>福島第1</td><td>1～6号機</td><td>270</td><td>600</td><td></td></tr>
<tr><td rowspan="2">福島第2</td><td>1、2号機</td><td>270</td><td rowspan="2">600</td><td></td></tr>
<tr><td>3、4号機</td><td>370</td><td></td></tr>
<tr><td rowspan="3">柏崎刈羽</td><td>1～4号機</td><td rowspan="3">450</td><td>2300</td><td>未申請</td></tr>
<tr><td>5号機</td><td rowspan="2">1209</td><td>未申請</td></tr>
<tr><td>6、7号機</td><td>1209</td></tr>
<tr><td colspan="2">東海第2</td><td>270</td><td>600</td><td>1009</td></tr>
<tr><td rowspan="3">浜岡</td><td>3号機</td><td rowspan="3">600</td><td rowspan="3">800</td><td>未申請</td></tr>
<tr><td>4号機</td><td>1200-2000</td></tr>
<tr><td>5号機</td><td>未申請</td></tr>
<tr><td rowspan="2">志賀</td><td>1号機</td><td rowspan="2">490</td><td rowspan="2">600</td><td>未申請</td></tr>
<tr><td>2号機</td><td>1000</td></tr>
<tr><td rowspan="2">敦賀</td><td>1号機</td><td>368</td><td rowspan="2">800</td><td>未申請</td></tr>
<tr><td>2号機</td><td>592</td><td>880</td></tr>
<tr><td colspan="2">もんじゅ</td><td>466</td><td>760</td><td>未申請</td></tr>
<tr><td rowspan="2">美浜</td><td>1、2号機</td><td>400</td><td rowspan="2">750</td><td>未申請</td></tr>
<tr><td>3号機</td><td>405</td><td>993</td></tr>
<tr><td rowspan="2">大飯</td><td>1～2号機</td><td rowspan="2">405</td><td rowspan="2">700</td><td>未申請</td></tr>
<tr><td>3～4号機</td><td>856</td></tr>
<tr><td>高浜</td><td>1～4号機</td><td>360</td><td>550</td><td>700</td></tr>
<tr><td rowspan="3">島根</td><td>1号機</td><td>300</td><td rowspan="3">600</td><td>未申請</td></tr>
<tr><td>2号機</td><td>398</td><td>600</td></tr>
<tr><td>3号機</td><td>456</td><td>未申請</td></tr>
<tr><td rowspan="2">伊方</td><td>1、2号機</td><td>300</td><td rowspan="2">570</td><td>未申請</td></tr>
<tr><td>3号機</td><td>473</td><td>650</td></tr>
<tr><td rowspan="2">玄海</td><td>1、2号機</td><td>270</td><td rowspan="2">540</td><td>未申請</td></tr>
<tr><td>3、4号機</td><td>370</td><td>620</td></tr>
<tr><td rowspan="2">川内</td><td>1号機</td><td>270</td><td rowspan="2">540</td><td rowspan="2">620</td></tr>
<tr><td>2号機</td><td>372</td></tr>
</table>

11.3 腐　食

(1) 腐食とは

腐食は、水中やガス中で金属が錆びることである。ほとんどの金属は、鉱石を還元して作られるので、使用中に元の状態である酸化状態（エネルギー的に安定な状態）に戻ろうとする。様々な工夫でそれを防止するのが防食技術である。

腐食には金属表面が一様に腐食され減肉してゆく全面腐食（炭素鋼などで起こる）と結晶粒界などの弱いところが腐食されてゆく局部腐食（ステンレス鋼などで起こる）とがある。局部腐食は目に見えにくく内部へ進行するので見逃されやすいが、ひび割れの原因となり危険である。BWRのシュラウドや再循環配管のひび割れを起こした「応力腐食割れ」（SCC）もその一つである。ひび割れの早期検出が重要で、目視も行われるが、主として超音波探傷が用いられ、ほかに磁気探傷などの方法がある。

超音波探傷（ultrasonic test、UT）は、病院などで受ける超音波検診と原理的には同じである。人体ならぬ物体の表面に超音波振動子を接触させパルス波を物体内に送り、傷からの反射を検出する。図11.9にその概略図を示す。裏面付近から発生したひび割れを検出する場合は、ひび割れ面に垂直に近い角度になるように、斜めから超音波を入射するなどの工夫がされている。

超音波探傷技術は進歩したとはいえ、すべてのひび割れを検出できるとは限らない。ひび割れの向きや形状によっては見落とすことがあるし、測定されたひび割れ

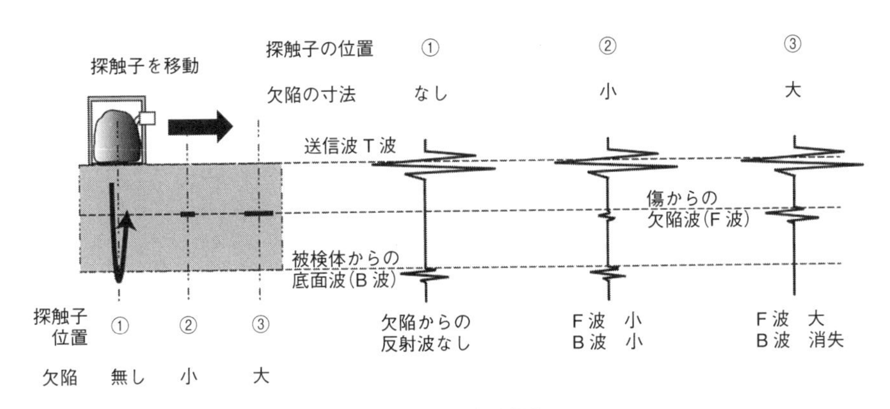

図 11.9　超音波探傷

超音波発信器を備えた探触子を試験片表面に接触させつつスキャンする。①傷がない位置では試験片の裏面からの反射波（底面波）のみが観測されるが、②傷がある位置では割れ目からの反射波が重なって観測される。③傷が大きいと裏面には超音波が届かず、傷からの反射波のみになる。

の長さや深さの精度が不十分なこともある。

さらに言うならば、配管や機器によっては、超音波探傷機器を当てることができない箇所が存在することも忘れてはならない。運転開始後40年を超えて運転延長を申請する原発に対しては、「特別点検」を行うことになっているが、BWR圧力容器内面の超音波検査については、「炉心領域、接近できる全検査可能領域」という文言がある。圧力容器内面に検査できない箇所があり、検査に手心を加えてよいと読める（13章コラム参照）。

(2)　減肉とエロージョン・コロージョン

配管の内面などが削られる現象で、減肉は、炭素鋼などの全面腐食で起こる。エロージョン・コロージョンはその一つである。乱流などによって生じる浸食（エロージョン、erosion）が、腐食（コロージョン、corrosion）との相乗効果により加速される現象をいう。

図11.10に示すように美浜原発3号機（PWR）ではオリフィス（流れを絞るための穴のあいた円板で、圧力変化を検出して流速を知る目的で挿入される）の先に生じた乱流によってエロージョン・コロージョンが起こり、厚さ10 mmの2次系炭

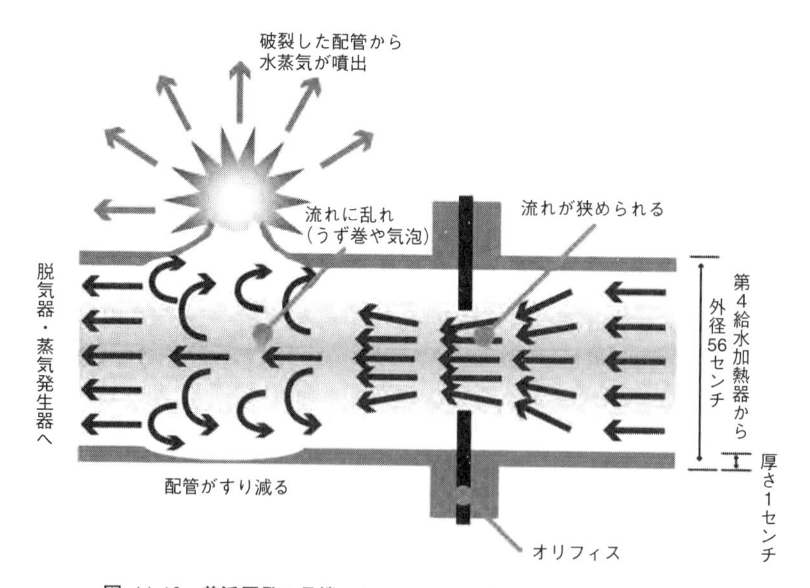

図 11.10　美浜原発3号機におけるエロージョン・コロージョン事故

オリフィスにより流れが狭められ、その下流で乱流が生じ、キャビテーション（気泡の発生）により、配管内面を削り取る。美浜原発3号機では、検査漏れ箇所を放置して死傷者を出す大事故になった。

素鋼配管が1 mm以下にまで減肉し、内圧によって破裂した。定期検査準備のために建屋内で作業していた作業員が100 ℃近い熱水を浴び、5人が死亡、6人が重傷を負うという惨事となった。エロージョン・コロージョンを起こしやすい配管内の箇所（流れが乱れる場所）はわかっていたのに、検査箇所から抜け落ちていた。この箇所は関西電力と検査会社（三菱重工業と日本アーム）の見落としで点検台帳に登録されておらず、稼働以来27年間一度も点検が行われていなかった。さらに、見落したことに気づいたのに、大丈夫だろうと検査を13カ月ごとの定期検査後に先送りしたという驚くべき 実態が背景にあった。

配管の減肉は炭素鋼や低合金鋼ではありふれた劣化事象である。では、どれくらいの頻度で配管の減肉は発生しているのか。この種のデータは滅多に公表されないが、原子力安全・保安院に設置された高経年化意見聴取会で、運転開始40年を迎える美浜原発2号機の高経年化技術評価の審議に際し、井野博満委員の質問に対して回答した事例がある。関西電力の説明によれば、「これまでに美浜2号機において炭素鋼からステンレス鋼や低合金鋼に取り換えた個所の総数は約3200箇所となっており、全体の約6割に相当します」とのことである[5]。同種部位で減肉が確認された配管なども、減肉が起こる前に早めに取り換えたとしているが、それにしても驚くべき取り換え箇所の数である。その結果、2次冷却系配管は、炭素鋼とステンレス鋼、低合金鋼とが混在した配管になり、異種金属の接合部で溶接ひずみが残っていないかどうか、新たな問題も生じることになった。幸いにも美浜原発2号機は廃炉が決まったが、ほかの原発の炭素鋼配管でも共通に多数の減肉事象が起こっていることは想像に難くない。その劣化対策は容易ではない。

(3)　ステンレス鋼（再循環系配管・シュラウドなど）の応力腐食割れ

応力腐食割れ（stress corrosion cracking、SCC）は、材料・応力・環境の3因子が重なって起こる。ステンレス鋼は、クロム原子が一様に溶け込んでいる状態でこそ耐食性を発揮する。しかし、汎用のオーステナイト系ステンレス鋼SUS304は炭素を0.08%程度含んでいて、熱が加わると炭素原子が移動してクロム原子と結合しクロム炭化物をつくる。この現象は、原子間の結合が弱い結晶粒界（結晶粒と結晶粒との境界）で著しく、周辺にクロム欠乏領域（depleted zone）をつくり耐食性を失う（図11.11）。これをステンレス鋼の鋭敏化という。

ステンレスを溶接すると、その近傍が熱を受ける。この領域を熱影響部（heat affected zone、HAZ）という。ステンレス鋼の熱影響部では、溶接後の冷却の際、800 ℃から600 ℃の温度領域を通過するとき、このクロム炭化物の粒界析出＝鋭敏化が起こる。また、溶接後の不均一な収縮によって内部に引張り応力が残留する。このように危ない状態になった材料を、原子炉水中の酸素イオン（ガンマ線などの放射線によって水が分解し生成）がアタックすると、クロムが欠乏した結晶粒界に沿って金属原子が水中に溶け出し、割れが進行してゆく。これが高圧高温水（原子炉水）中の応力腐食割れのメカニズムであり、材料の鋭敏化、残留応力の存在、環境中の酸素イオンの存在という3つの因子が重なって起こる。

この応力腐食割れが運転当初から深刻な問題だったことは、豊田正敏（東京電力元副社長）の回想からもわかる。「昭和50年には、原子力発電の稼働率が全国平均で約40%、とくに東京電力では最低は19%という事態となり、福島第一1号機から3号機まですべて停止するという事態となった。」しかし、導入元のジェネラル・エレクトリック（GE）社からは対策は示されず、「社内のトップ層からは、『一体いつになったら原子力発電は信頼できるものになるのか、原子力がダメなら、ダメといってくれ。石油燃料を余分に手配するなど別の手立てを講じるから』などといわれ、社内外から四面楚歌の状態で、・・・」と記している[6]。

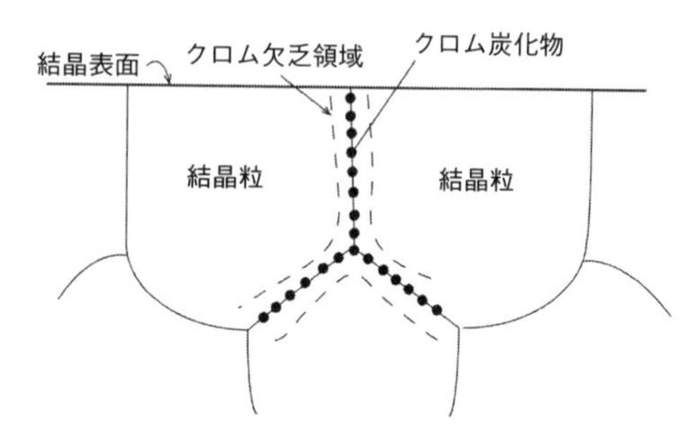

図 11.11　ステンレスの鋭敏化

応力腐食割れ（SCC）発生のメカニズム。結晶粒界でクロム原子と炭素原子が結合してクロム炭化物をつくると、その周辺にクロム欠乏層ができ、耐食性が失われる。粒界の原子が水中に溶け出し、ひび割れが生じる。

応力腐食割れのメカニズムは、1970年代に明らかにされ、その対策として、炭素含有量を0.03%以下に抑えたステンレス鋼が開発された。L材（低炭素材）やNG材（原子炉級材）とよばれる改良型のステンレス鋼（SUS304Lなど）である。クロム炭化物の形成が抑制されて材料の鋭敏化は起こりにくくなり、一時期、応力腐食割れ対策は確立されたと思われた。しかし、1990年代中頃から新しいタイプの応力腐食割れがGE社の研究者などから報告され始め、低炭素ステンレス鋼でも加工によってひずみを受けると、応力腐食割れが頻発することがわかってきた。この応力腐食割れは、表面の加工層を起点としてひび割れが起こることが多い。対策としては、溶接熱影響部の残留引張応力を低減するショットピーニング（小硬球を

コラム　ひび割れ隠しとひび割れ検査

2002年8月東京電力のひび割れ（応力腐食割れ）隠しが発覚し、それ以前の10年以上にわたって、福島第一・第二・柏崎刈羽原発で29件の虚偽報告が行われていたこと、福島第一原発1・3号機で検査業務を行っていたGEの子会社のエンジニア（ケイ・スガオカ）が内部告発していたことなどが明らかになった。原発サイトの東電のエンジニアだけでなく、電気メーカのエンジニアたちも事実を知っていたであろう。これら多数の日本人エンジニアたちが、企業のしがらみにとらわれ安全性を軽視し、ひび割れ隠しに協力した。一方、電力会社はひび割れの事実を親密な関係にあるはずの原子力学会の学者先生たちにも公表しなかったのみならず、秘密保持のため、同じ東電の中でも現場から研究所の研究者への情報は遮断されていた。この不祥事により、東京電力全17基の原発はすべて運転が止まり、トップの会長、相談役2名、社長・副社長、計5名が重大責任を取って辞任した。

再循環系配管のひび割れ調査の過程で、超音波検査（ultrasonic test, UT）は切断検査による実測深さを下回る結果を与え、ひび割れを過小評価していた事例が明らかになった。極端な場合には、実際には12 mmの深さに達していたものが超音波検査では2 mmとしていたり、深さ7 mmのひび割れを全く検出できなかったケースもみられた（図11.12左図）。このような事態を踏まえて、発電設備技術検査協会は、柏崎刈羽1号機から切り出した配管について、斜め入射や多重端子を用いた「改良UT」による確性試験を行った。ところが、今度は切断調査によりわかった実測値よりも超音波検査による予測深さのほうが大きくなるという逆の傾向になっ

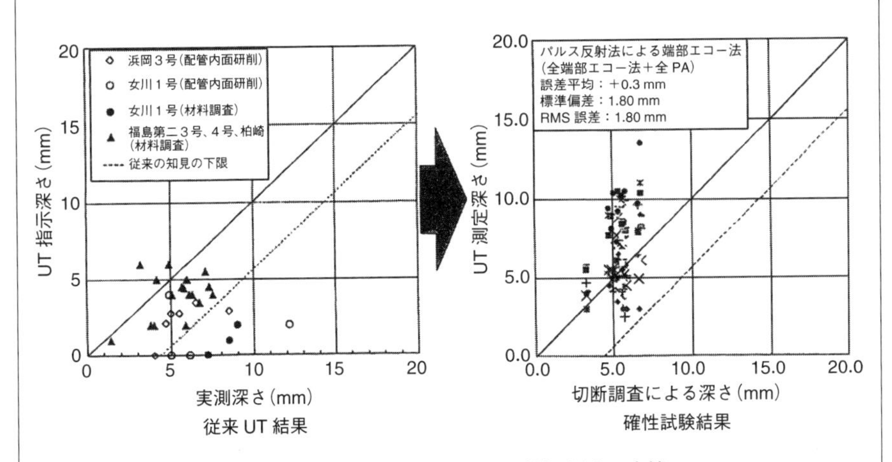

図 11.12　超音波検査によるひび割れ深さの実情

左図は、実機での超音波検査がひび割れを過小評価していたことを示す。右図は、過小評価になったことの反省のもとで行った確性試験の結果。今度は過大評価になった。

た。たとえば、実測値 7 mm 弱であるのに、それを深さ 13.5 mm とか 11 mm に計測したデータ点があり、また、5 mm 前後のひび割れを 10 mm 以上に計測したデータ点がいくつもある（図 11.12 右図）。このような過大評価は存在しないひび割れを計測したケースもある。ひび割れの精度良い検出は条件が悪いと難しく、計測者の主観的判断が入らざるをえないことを意味している。検査協会は、安全側の計測データだと評価するが、むしろ超音波検査の限界を示した結果といえよう。

配管裏波との区別も場合によっては難しいという事例もある。福島第二原発 3 号機の再循環配管でのひび割れの見落としである。定期検査で「改良 UT」による検査を綿密に行ったにもかかわらず、配管の全周に及ぶひび割れからの超音波信号を配管裏面からの裏波と見誤り、ひび割れとの認定を行わなかったケースである。全周に及ぶような傷が生じるわけがないという思い込みが災いしたと思われるが、検査技術者の技量に左右されざるをえない現実がある[7]。

叩きつけ表面を圧縮・硬化させる）や炉水中の溶存酸素濃度を下げるための水素添加や貴金属添加が試みられているが、この新しいタイプの応力腐食割れを完全に防ぐ方法は今も確立されていない。

11.4　原発における劣化事象のまとめ

以上述べた原発における劣化事象と事故・トラブル事例を表 11.2 にまとめた。金属材料以外にも、コンクリートの劣化や電気ケーブル被覆材の経年劣化など、老朽化原発にはさまざまなほころびが生じてくる。原発は巨大な構造物が連結した複雑なシステムである。表 11.3 を見ると原発の物量がどれほどのものであるかがわかる。経年劣化した機器・配管・ケーブルの点検・検査が容易でないことが理解されよう。

表 11.2　原発における金属材料の劣化原因と事故例・リスク

劣化原因	現象・メカニズム	事故例・リスク
照射脆化（炉心からの中性子照射により脆くなる）		
○鋼の照射脆化	脆性遷移温度の上昇	○圧力容器の脆化、破損
○ステンレス鋼の照射誘起応力腐食割れ	照射誘起偏析・硬化	○シュラウドの脆化、破損
疲労（降伏応力以下の小さい力でも繰り返しにより破断に至る）		
○機械的力（機械的振動や地震）によるもの	機器や配管にミクロなき裂が発生・成長し、破断に至る	○蒸気発生器細管の破断（美浜2号、1991年2月） ○熱電対さや管の共振破断（もんじゅ、1995年12月）
○熱的力（熱膨張・収縮の拘束による熱応力）によるもの（熱疲労）		○再生熱交換器のL字配管のひび割れ（敦賀2号、1999年7月）
腐食		
○全面腐食 エロージョン・コロージョン	全面に錆びが生じ減肉する 機械的浸食と化学的腐食が重なり、減肉する	○2次系配管の破裂による死傷事故（美浜3号、2004年8月）
○局部腐食 ステンレス鋼の応力腐食割れ	ひび割れが内部へ進展し、破断に至る 炉水中の溶存酸素・溶接部の残存引張り応力・材料の鋭敏化または加工硬化層の存在が重なって起こる	○シュラウド・再循環系配管のひび割れ隠し（東電の全原発ほか、2002年8月～）

表 11.3　原子力発電所（100万kW級）の物量

熱交換器	140基
ポンプ	360台
弁	30,000台
モーター	1,300台
配管	170 km,　10,000トン
溶接点数	65,000点
モニター	20,000箇所
ケーブル長さ	1,700 km

沸騰水型（BWR）と加圧水型（PWR）を平均したもの
（日本原子力学会『原子力がひらく世紀』より）
100万キロワット級原発1基につき、弁が3万個、配管の総計の長さ170キロメートル、溶接点数6万5千点、電気ケーブルの総延長1700キロメートルなど、驚きの数字である。原発の巨大さ・複雑さがわかる。

文 献

[1] T. Yoshiie: Factors that influence cascade-induced defect growth in pure metals and model alloys. Mater. Trans., Vol. 46, pp.425-432, 2005　http://www.srim.org/

[2] 田中将己ほか：まてりあ、56 巻 10 号、pp.597-603、2017A

[3] 柳田誠也、義家敏正、井野博満：Fe-Cu 合金における欠陥形成の損傷速度依存性に関するモデル計算．日本金属学会誌、64 巻 2 号、pp.115-124、2000

[4] 井野博満：蒸気発生器伝熱管の破断プロセスについて．美浜事故シンポジウム予稿集、東大山上会館、1991

[5] 高経年化意見聴取会第 17 回資料 8、2012 年 6 月 20 日

[6] 豊田正敏：温故知新 -55- 応力腐食割れ対策．日本原子力学会誌、35 巻 12 号、pp.1057-1065、1993

[7] 原発老朽化問題研究会編：老朽化する原発―技術を問う―、原子力資料情報室刊、2005

Part 4

照射脆化

12章

原子炉圧力容器の照射脆化

この章では、中性子照射脆化が問題になってきた歴史、照射脆化がなぜ起こるのかというメカニズム、脆化予測式とはどんなものか、現実に起こっている原子炉圧力容器脆化の危険性について述べる。

12.1 歴　史

原子炉容器に中性子が当たると脆くなることは、いつ頃からわかってきたのだろうか。日本より10年以上早く、1950年代後半から原発を建設し始めた米国では、1960年代中頃には照射脆化の重大性が認識され始めた。

中性子照射脆化には、鋼材中の銅およびリンが悪影響を及ぼし、脆化を促進することが知られている。銅は、中性子照射で作られる格子欠陥（空孔など）を介して結晶内を移動し、銅の集合体（クラスター）をつくり、結晶を硬化させる。その結果、図11.2に示したように、脆性遷移温度が上昇する。一方、リンは、結晶粒界に多く集まり、粒界を割れやすくする。その結果、破壊強度を押し下げ、やはり、脆性遷移温度が上昇する（図11.2）。

鋼中の銅原子が照射脆化を促進することは、1970年前後には明らかになり、その対応策がとられ始めた。米国では、1974年にASTM（American Society for Testing and Materials）が代表的圧力容器用鋼板であるA533B鋼の規格に、銅を0.12%以下、リンを0.017%以下とするという条件を付加した。それ以前には、0.3%を超える銅を含む鋼材も圧力容器に使われていた。

図12.1は、日本における圧力容器鋼材中のリン（P）、硫黄（S）、銅（Cu）の含有量の変遷を示したものである[1]。いずれの元素も、1960年代から1970年代初め

にかけては高い値を示すが、製錬、製鋼技術の進歩に呼応して1973年を境に急減している。この図から、1973年以前の鋼材を使って製造された圧力容器は、銅などの不純物を多量に含んだ質の悪い鋼材である可能性が高いことがわかる。鋼材メーカーから出荷され、圧力容器に成形され、発電所に設置、運転されるまでには、5年ないしそれ以上の年月がかかるから、おおむね、1970年代に運転開始された原発では照射脆化の進行が速い危険性が大である。

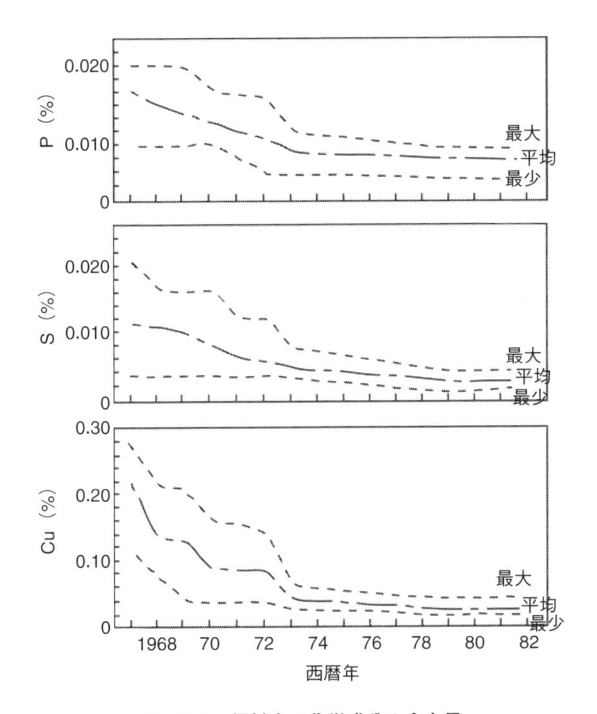

図 12.1　鋼材中の化学成分の含有量

日本の軽水炉圧力容器鋼材中の銅（Cu）、硫黄（S）、リン（P）の含有量の変遷[1]。
1973年以前に製造された鋼板にはこれら有害な元素の含有量が高い。

原子炉圧力容器の破壊が起これば、炉心にあるすべての放射性物質が環境中に放出される危険がある。そのような事態は絶対に避けねばならない。このことは、原発に携わる技術者であれば深く認識しておくべきことであるが、多くの技術者は、圧力容器の破壊などはまず起こらないだろうと考えていた。だが、1979年にスリーマイル島原発事故で現実にメルトダウンが起こり、原子炉が破損するという懸念が生じた。一方で、圧力容器の脆性遷移温度が予想以上に上昇しているという事実が明らかになり、その対策が緊急の課題となった。

米国では、運転終了時の脆性遷移温度の上限についての規定（NRC Regulatory Guide 1.99 Rev.1）が次のように変遷している。

当初の規定：200 ℉（93 ℃）以下

1982 年改訂：鋼板、鍛造品、軸方向の溶接金属に対し 230 ℉（110 ℃）以下、周方向溶接金属に対し 250 ℉（121 ℃）以下

1985 年改訂：鋼板、鍛造品、軸方向の溶接金属に対し 270 ℉（132 ℃）以下、周方向溶接金属に対し 300 ℉（149 ℃）以下

2012 年改訂：厚さ 9.5 インチ以下の周方向溶接金属に対し 312 ℉（155.6 ℃）以下

このように年を追うごとに規制が緩められている。現状については、NRC Regulatory Guide の 10CFR50.61a に詳しく規定されている。このように緩められてきた背景には、現実に脆性遷移温度上昇がこの制限を飛び出してしまい運転できなくなる原発が続出したという現実がある。ここまで引き上げても問題ないという細かい計算が示されてはいるが、安全余裕を切り詰める結果になっている。

「脆性遷移温度が何度以上になると危険なのか」という質問を受けることがある。その答えは難しい。脆性破壊は、材料の脆化、ひび割れの存在、緊急冷却時の炉壁の温度変化などの要因で決まる確率的事象だからである。米国で現実に合わせて基準を緩めたことは、破損確率を高める結果となることを容認したといえよう。

コラム　日本の規制では脆性遷移温度はどう扱われているか

日本電気協会が定めた規程「原子力発電所用機器に対する破壊靭性の確認試験方法」JEAC4206-2007 では、新設される原子炉に対しては、「相当運転期間における照射脆化を考慮に入れ、原子炉圧力容器の内面から板厚の 1/4 位置における RT_{NDT} 調整値は 93 ℃ 未満、上部棚吸収エネルギーの予測値は 68 J 以上であること」と規定されている（p.7、FB-2200 炉心領域材料、(2) b.)。この制限は、すでに動いている原発には適用されない！　既存原発を救うためのダブルスタンダードであると言わざるをえない。

ここで、RT_{NDT} 調整値とは、詳しい説明を省くが、監視試験測定データと計算予測式から求まる脆性遷移温度のことである。JEAC4201 では RT_{NDT} を関連温度とよんでいる。また、上部棚吸収エネルギーとは、11.1 節で説明したように、シャルピー試験で求まる高温側の延性領域での吸収エネルギーのことで、脆性遷移温度とともに材料の靭性を示す指標である。

中性子照射脆化の危険性が、日本の市民に多少なりとも知られるようになったのは、田中三彦の著書『原発はなぜ危険か』[2]が出版されてからである。この著作は、

著者自身が設計・製造に関与した福島第一原発4号炉の「圧力容器ゆがみ矯正事件」を内部告発したことで注目を浴びたが、その第二部には原発の老朽化・照射脆化の危険性が説明されていて、このことも大きな関心をよんだ。当時、原発関係者の中にも圧力容器脆性破壊の危険性に警鐘を鳴らしていた研究者もいた（日本原子力研究所・藤村理人など）が、その警告が規制に十分反映されたとはいえない。

12.2　脆化予測

脆化予測式＝中性子照射量と脆性遷移温度上昇の関係式は、過去に実機で蓄積されたデータと材料試験炉での加速照射試験データをもとに作られてきた。これを定めたのが「原子炉構造材の監視試験方法」JEAC4201である。

JEAC（日本電気技術規格）はJapan Electric Association Codeの頭文字をとったもので、日本電気協会の原子力規格委員会が制定している。JEAC4201は1970年に制定された。その後、不定期に数回改訂されており、その年度を付して表記される。現行の規程はJEAC4201-2007であり、2010年、2013年に追補版が出されている。

さて、原子炉圧力容器の照射前の脆性遷移温度は、一般に室温以下（−20℃程度）であるが、中性子を浴びるとしだいに上昇する。容器の脆性破壊を防ぐには遷移温度を正確に把握することが不可欠である。このため、圧力容器内に監視試験片を置き、JEAC4201で決められている期間ごとに取り出して試験を行うことになっている。

図12.2は、炉内監視試験カプセルの中身（右図）と原子炉圧力容器（PWR）への装荷の様子（左図）を示した一例である。カプセルは、炉壁に沿うように数セット挿入されていて、各カプセルには、シャルピー試験片、引張り試験片、中性子線量計（ドシメータ）のほか、PWRでは破壊靭性試験片（CT試験片、初期の原発ではWOL試験片）が設置されている。監視試験片は、圧力容器鋼材の一部を切り出して作られ、容器の内側に置かれているので、容器の脆化を“先取り”して知ることができるとされている。カプセルの数は、原子炉により違いがあり、カプセルの形も炉型により異なる。

照射速度依存性を考慮しなかった2004年までの脆化予測式の問題点

現行の規程の説明に入る前に、順序としてそれ以前の規程の問題点について述べ

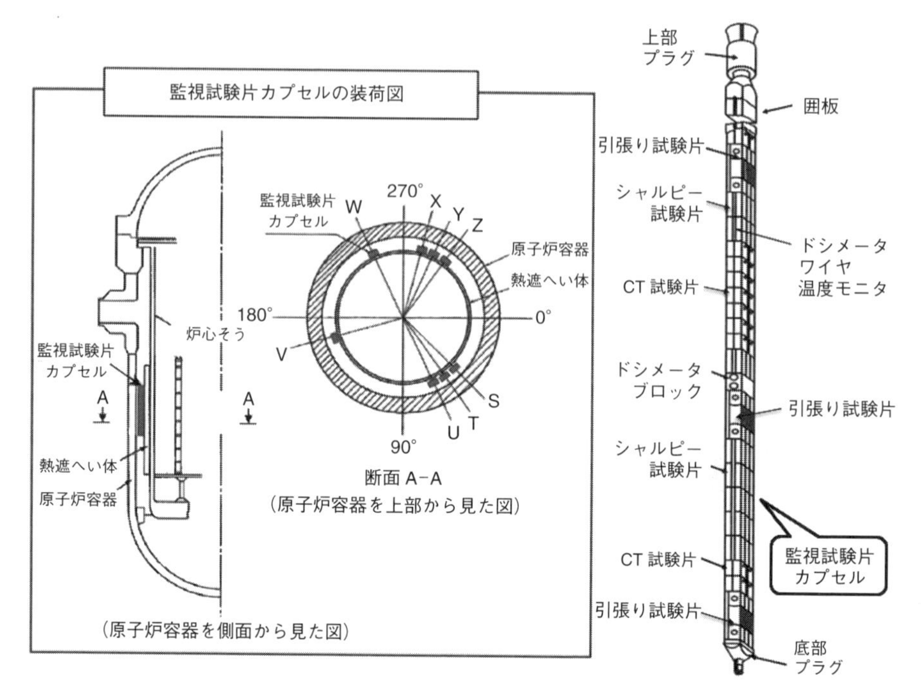

図 12.2 監視試験カプセルと炉内配置図

高浜原発1号炉圧力容器の監視試験カプセル装着位置とカプセルの構成。PWR用カプセルには、1インチ（25ミリ）×1インチ角で長さ約1.5メートルのものと、1インチ×1.5インチ角で長さ約1メートルのものの2種類があり、図は後者である。1本のカプセルは、シャルピー試験片、CT試験片、引張り試験片のほか、中性子線量計（ドシメータ）などが装着されている。高浜原発1・2号炉の例では、カプセル数が8体で、1カプセル当たりシャルピー試験片44体、CT試験片4体、引張り試験片4体となっている。
http://www.pref.kyoto.jp/kikikanri/documents/documents/d.pdf,
https://www.nsr.go.jp/data/000144706.pdf より作成

る。中性子照射による脆化に関しては、当初米国の予測式がそのまま採用されていた。その後、国内の監視試験データおよび材料試験炉データ（加速試験）の蓄積に伴い、JEAC4201-1991が定められた。その後、この規程は2004年に改定されたが、脆化予測式に関してはそのままであった。

この予測式では、照射による脆性遷移温度上昇 ΔRT_{NDT} は鋼中に含まれる化学成分（Cu、Ni、P）の項と中性子照射量 f の項の掛け算で表せると仮定し、蓄積されたデータベースを参照して、最適なフィッティングになるように式の係数を決定する。母材、および溶接部に対して、それぞれ以下の式が用いられることになった。

母材：$\Delta RT_{\mathrm{NDT}} = (-16 + 1210 \cdot \mathrm{P} + 215 \cdot \mathrm{Cu} + 77\sqrt{\mathrm{Cu} \cdot \mathrm{Ni}}) \cdot f^{0.29 - 0.041 \log f}$

溶接金属: $\Delta RT_{NDT} = (26 - 24\cdot Si - 61\cdot Ni + 301\sqrt{Cu\cdot Ni})\cdot f^{0.25-0.101\log f}$

これらの式で、鋼に含まれる化学成分の濃度はCuやNiなどと元素名を使って表示されている。これらの式の濃度依存の項の形や中性子照射量fの項の形は、データに合うように決められたものである。

重要なことは、上記予測式では、脆性遷移温度の上昇が照射速度（中性子束＝単位時間に浴びる中性子の量）によらないと仮定していることである．材料試験炉（注1）とBWRでは照射速度にして4桁の違いがあり、BWRの30年分の照射がほぼ1日ですんでしまう。BWRでは中性子の照射速度が10^8/cm^{2}s程度であり、材料試験炉では10^{12}/cm^{2}s程度である。PWRでは、BWRに比べ圧力容器の径が小さく炉心と炉壁との距離が短いので、炉水による中性子吸収も少なく、照射速度は$10^{9\sim10}$/cm^{2}s程度である。また、照射速度によって形成される欠陥（クラスター）の種類も違ってくる[3]。遅い照射速度では、銅などの不純物クラスターが形成され、速い照射速度では、空孔や格子間原子が集まった欠陥クラスターが形成される。したがって、中性子束を考慮に入れて予測式を導く必要がある。

国内BWRでは、照射速度を考慮しない予測式の欠陥が露わになってきた。図12.3に敦賀原発1号炉の圧力容器母材と溶接金属についての監視試験データとJEAC4201-2004による予測評価を示す。横軸が中性子照射量、縦軸が脆性遷移温度である。左の図が母材、右が溶接金属である。図中に●と▲で示したデータが通常照射、○と△が加速照射の結果である。通常照射とは、監視試験片を圧力容器の炉壁近くに設置した試験片のデータで、取り出し時期までに炉壁とほぼ同じ量の中性子を浴びている。それに対し、加速照射とは、炉心に近づけて試験片を設置し、取り出し時期までに炉壁の10倍程度の中性子を浴びた試験片のデータである。

もし、中性子を浴びる速さに関係なく脆化が起こるならば、加速照射データは将来の脆化を予測でき有用である。そういう仮定でのJEAC4201-2004の規程にもとづき描かれているのが実線と破線の予測式である。破線は、観測データをほぼ内包するようにマージン（13.2参照）を足して求められている。ところが、図からわかるように、通常照射のデータと加速照射のデータとでは、明らかに傾向が違っていて、通常照射では加速照射に比べいずれの図でも高い値が観測されている。この傾向は福島第一原発1号炉（敦賀原発1号機の翌年に運転開始）でもみられる。敦賀原発1号の場合、第5回監視試験までのデータにもとづき描かれているが、第6回試験データはそれから上方へさらにはみ出ている。

（注1）　材料試験炉: 材料開発のために開発された原子炉で、高濃縮ウランを採用して中性子束を高め、各種照射実験用装置を備えている。日本原子力研究開発機構のJMTRはその一つである。

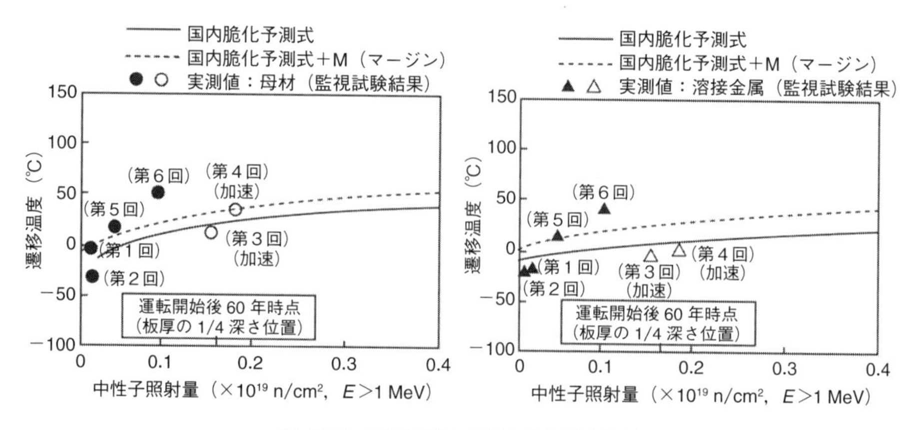

図 12.3　敦賀原発 1 号炉の脆性遷移温度

左図は母材（鋼材自身）、右図は溶接金属の監視試験データである。●印と▲印は通常照射（炉壁に近い位置に置かれた監視試験片）、○印と△印は加速照射（炉心に近づけて置かれた試験片）によるデータである。加速照射は照射速度が大きいので、炉の脆化を先取りしたデータが得られるとされてきたが、通常照射の結果とは合わない。曲線は JEAC4201-2004 にもとづく脆化予測曲線である。実線は計算式、破線はマージンを加えたもの。横軸にある記号 n は中性子を意味し、*E*>1 MeV は 1 メガ電子ボルト以上の中性子を数えるという意味である。

脆性遷移温度が照射速度に依存することは、2000 年前後には明らかにされつつあった[3](注 2)。それにもかかわらず、各事業者は時代遅れの監視試験方法の規程 JEAC4201-2004 に沿って圧力容器の健全性を評価し、経産省の「高経年化対策検討委員会」はそれを追認してきた。上記の図 12.3 の結果を審査した 2005 年 6 月の検討委員会は、「高経年化技術評価に用いられた予測式は、概ね最新の監視試験データを適切に予測しているが、照射量の少ない領域ではばらつきが比較的大きいことから、監視試験の充実及び最新知識の活用により予測式の最適化を図るべきである」という結論を出している。さすがに、敦賀原発 1 号炉などでの予測式からの外れは無視できなかったが、それは「ばらつき」だというのだ。このときの検討委員会の委員長は宮健三（慶応大学教授、元東大教授、原子力工学専攻）、技術専門小委員会の委員長は関村直人（東大教授、原子力工学専攻）だが、これが「ばらつ

(注 2)　もっとも、2000 年前後には、照射速度の重要性が注目されてはいたが、照射速度依存性について研究者の認識が一致していたわけではない。たとえば、「(米国での予測式の動向を紹介した後で、) 最新の米国の監視試験データベースに基づく限り、監視試験データのばらつきを超えるような顕著な照射速度の影響は確認できず、照射速度の影響を考慮しない予測式によっても NRC の予測式と同等の精度で脆化を予測できるとし、・・・」というような認識が示されている[4]。照射速度の違いによって形成されるクラスターが異なり、10^8/cm^{2}s 程度では銅クラスターが、10^{12}/cm^{2}s 程度では欠陥クラスターの形成が支配的になることが実験的に明確になったのは、2004 年に発表された永井康介らの研究以降である[5,6]。

き」でなく系統的な偏りであることは、データを素直に読めばわかるはずである。規程の枠組みを否定するようなことは書けないというならば、あまりにも事大的な対応と言わざるをえない。次章に述べる照射速度を考慮した電中研予測式は、それまでの予測式のほころびが明らかになったという背景のもとで誕生し、JEAC4201-2007に採用された。

12.3 圧力容器脆化の現状と特に危険な原発

表12.1に、日本の原発のうち、高い脆性遷移温度が観測されている原発の一覧を、その銅含有量の分析値とともに示す。脆性遷移温度の上昇は中性子照射量に依存するが、銅含有量とも相関している。この表のうち、敦賀原発1号炉と福島第一原発1号炉は、BWRである。BWRでは、圧力容器の径が大きいため、炉壁を照射する中性子の量はPWRより1桁ないし2桁少なくなる。それにもかかわらず、高い脆性遷移温度上昇を示すのは、銅含有量が高いことに加えて、前述した照射速度効果が加わっているからである。

表 12.1　中性子照射脆化の著しい原発ワーストテン

ユニット名	型式	運転開始	分類	銅含有量（%）	脆性遷移温度（℃）	中性子照射量（$\times 10^{19}$ n/cm^2）	試験（取り出し）時期	備考
高浜1号	PWR	1974.11.19	母材	0.16	99	5.6	2009年9月	
玄海1号	PWR	1975.10.15	母材	0.12	98	7.0	2009年4月	廃炉
美浜2号	PWR	1972.7.25	母材	0.12	86	4.4	2003年9月	廃炉
美浜1号	PWR	1970.11.28	母材	0.16	74	3.0	2001年5月	廃炉
			溶接金属	0.19	81	3.0	2001年5月	
大飯2号	PWR	1979.12.5	母材	0.13	70	4.7	2000年3月	廃炉
高浜4号	PWR	1985.6.5	母材	0.05	59	10.0	2010年2月	
美浜3号	PWR	1976.12.01	母材	0.09	57	5.8	2011年5月	
敦賀1号	BWR	1970.3.14	母材	0.24	51	0.1	2003年6月	廃炉
			溶接金属	0.08	43			
福島第一1号	BWR	1971.3.26	母材	0.23	50	0.1	1999年8月	メルトダウン
高浜2号	PWR	1975.11.14	母材	0.10	40	5.6	2010年6月	

脆性遷移温度の高い順に示す。10基のうち6基は廃炉になったが、高浜原発1号機など危険な原発が生き残っている。

(1) 玄海原発 1 号炉の異常照射脆化

九州電力玄海原発 1 号炉で 2009 年 4 月の定期検査の際に取り出した第 4 回監視試験片の脆性遷移温度が 98 ℃に達していることが明らかとなった（図 12.4）。第 3 回（1993 年 2 月）までのデータは、予測曲線 A 以下にほぼ収まっているのに対し、第 4 回のデータは著しく上に飛び離れている。この予測曲線 A は JEAC4201-2007 にもとづいている。この予測式を開発した電力中央研究所（電中研）の担当者は、「現行脆化予測法（予測曲線 A）は、照射量が高いデータが少ない時期に開発されたもの。照射量が高いデータを考慮に入れて改良して B が得られた」という。（なお、B′ は計算値と実測値の残差の標準偏差の 2 倍である 18℃というマージンを加えたものである）。わかりやすくいえば「新しいデータ点が得られたから、その点を通るように、線を引き直した」ということになる。そうであれば"予測"とはいえない。

シャルピー試験の生データが地域住民の要求によって 2011 年 7 月に開示されたが、そのデータは、照射脆化のふるまいについてさらに疑問を深めるものだった。図 12.5 に示すように、第 3 回監視試験のシャルピー試験データのみ、吸収エネルギーが温度に対しゆるやかに上昇している。11.1 節で述べたように、鋼の脆性遷移温度は、その温度で急に延性から脆性へと移り変わるというものではなく、ある程度の幅をもって変化する。しかし、この第 3 回監視試験のだらだら具合はほかの

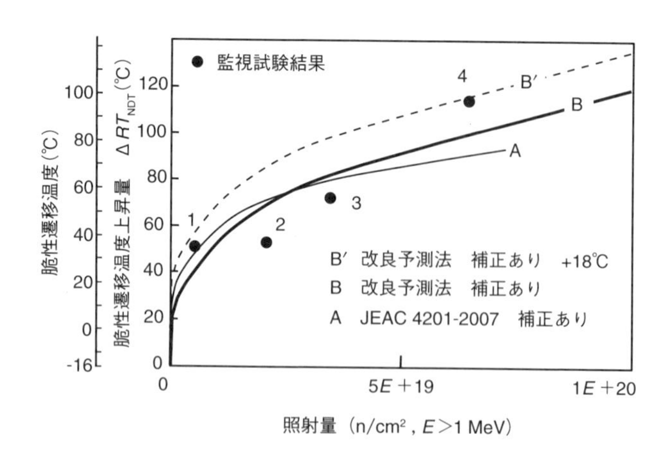

図 12.4 玄海原発 1 号炉脆性遷移温度データと予測式

玄海原発 1 号炉圧力容器の脆性遷移温度データと脆化予測。横軸は中性子照射量、縦軸は外側の目盛りが脆性遷移温度、内側の目盛りが脆性遷移温度の上昇量（照射前の値−16 ℃との差）を示す。●印は炉内監視試験データで 4 回目の監視試験で異常な上昇を示した。曲線は予測式で、A は JEAC4201-2007 にもとづく計算、B は係数を変えた【2013 年追補版】による計算、B′ はデータ点 4 を通るようにさらにマージンを加算した計算。

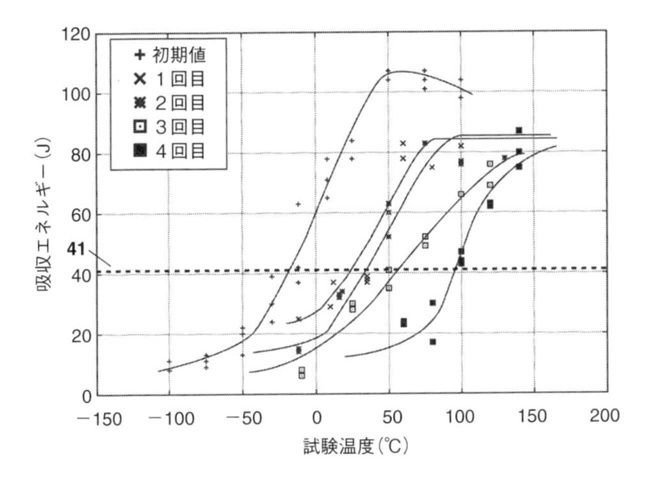

図 12.5　シャルピー試験結果

玄海原発 1 号炉監視試験におけるシャルピー試験の生データ。照射前、1 回目～ 4 回目、いずれも吸収エネルギーがある温度幅で立ち上がるが、第 3 回試験データのみその立ち上がりの幅が著しく広い。試験片の不均質性が疑われる。縦軸の 41 ジュールを切る温度を脆性遷移温度と定義している。

データとは明らかに違っている。第 3 回試験結果では、脆性破壊を示す場所（吸収エネルギーの小さい場所）と延性破壊を示す場所（吸収エネルギーが大きい場所）とが共存する遷移領域が広い温度範囲にわたっている。その原因は明らかではないが、脆化の度合いが試験片内で均等でない可能性もある。そうであれば、監視試験片が圧力容器鋼材のふるまいを代表するという前提も怪しくなる。

さて、筆者（井野）が「高経年化意見聴取会」の席上主張したことは、監視試験片が母材（圧力容器鋼材）の不均質性（たとえば、銅含有量）を反映して偏りが生じた可能性である。しかし、九州電力は組成の違いは化学分析では得られていないとして認めなかった。どちらの主張が正しいかを含めて脆化の詳細は、廃炉が決まった玄海原発 1 号炉の圧力容器の鋼材を切り出し、分析してみれば有用な知見が得られよう。原発の鋼材がどの程度均質なのか、照射がどう影響するのか、各原発における圧力容器鋼材の安全性確認に役立てるため、九州電力は中立的な研究機関に資料提供を行うべきである。

(2)　急を要する高浜原発 1 号炉の照射脆化

高浜原発 1 号炉では、2012 年取り出しの第 4 回監視試験で 99 ℃という脆性遷移温度が示された。これは玄海原発 1 号炉を超える日本でもっとも高い脆性遷移温度である。このデータと脆化予測計算式から運転開始 60 年後の予測を行うことになっているが、この現行予測式が間違っていることは13章で述べる。それゆえ、今あるデータの照射量を超える照射を受けた場合の予測ができないことを原子力規制委員会も認めざるをえず、運転期間が60年に達する前に追加の試験片取り出しを行って、それ以降60年までの運転の可否はその結果によるとしている。

高浜原発1号炉圧力容器監視試験（シャルピー試験）から求まった脆性遷移温度と照射脆化予測曲線を図12.6に示す。2002年11月取り出しの第3回までの監視試験データをもとにした30年目の高経年化技術評価書での予測曲線にくらべ、2009年取出しの第4回データを加えた40年目の高経年化技術評価書での予測曲線は、約22℃上方へシフトしている。これはまさにJEAC4201-2007で規定された現行予測式の不備を示している。

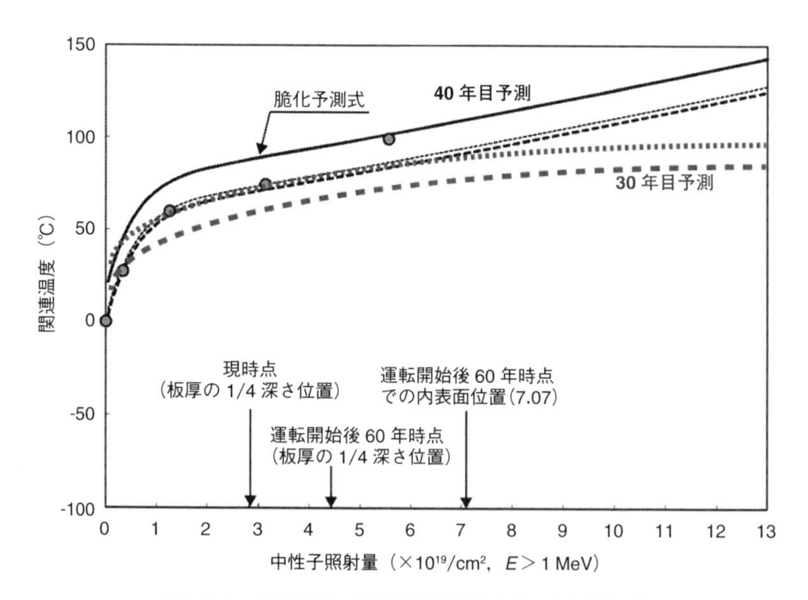

図 12.6　高浜原発1号炉脆性遷移温度データと予想式

高浜原発1号炉監視試験（照射前、第1回～第4回）で得られた脆性遷移温度（関連温度）と、高経年化技術評価書（30年目）および（40年目）に記されている脆化予測曲線。第4回試験データ（99℃）は（30年目）の予測から外れ、（40年目）ではそのデータ点を通るように修正された。

文献

[1] 古平恒夫：軽水炉圧力容器に関する最近の話題（2）．原子力工業、30巻4号、pp.81-87、1984、図2

[2] 田中三彦：原発はなぜ危険か―元設計技術者の証言―、岩波新書、1990

[3] 柳田誠也、義家敏正、井野博満：Fe-Cu合金における欠陥形成の損傷速度依存性に関するモデル計算．日本金属学会誌、64巻2号、pp.115-124、2000

[4] 曾根田直樹：圧力容器鋼の中性子照射脆化における照射速度の影響．金属、73巻8号、pp.760-765、2003

[5] 永井康介：日本金属学会講演大会概要集、p.295、2004.3
Y. Nagai, T. Toyama, Y. Nishiyama, M. Suzuki, Z. Tang and M. Hasegawa: Kinetics of irradiation-induced Cu precipitation in nuclear reactor pressure vessel steels. Appl. Phys. Lett., 87, 261920, 2005

[6] 井野博満、上澤千尋、伊東良徳：日本金属学会講演大会概要集、2006.6、国内沸騰水型原子炉圧力容器鋼材における照射脆化―監視試験データの解析―．日本金属学会誌、72巻4号、pp.261-267、2008

13 章

原子炉圧力容器脆化予測法の問題点と原子力規制委員会の技術評価

この章では、日本電気協会がつくった「原子炉圧力容器脆化予測法」が間違いを含む不備なものであること、および、それについての原子力規制委員会の技術評価が不適切であることを述べる。なお、この章は文献［1］［2］に記した内容を再構成したものである。

13.1 脆化予測の経緯

JEAC4201-2004までの脆化予測式は、鋼材の化学成分と中性子照射量を変数とした関数を仮定し、データ点をフィットさせた経験式であり、何よりも照射速度の違いを考慮していないことが致命的で、現実との乖離が明らかになっていた。2007年に改訂された日本電気協会規程「原子炉構造材の監視試験方法」JEAC4201-2007で採用された予測式は、照射脆化機構のモデルを立て、それにもとづいて開発されたもの[3]で“機構論に先導された予測式”と喧伝された。しかし、玄海原発1号炉の第4回監視試験データの脆性遷移温度がJEAC4201-2007による予測値より大きく外れた値となり、その信頼性が疑われた。日本電気協会は、「照射量が高い場合のデータが得られたので、それを用いて予測式の係数を決め直した」として、解析をやり直した。その詳細は電力中央研究所報告[4]に述べられている。筆者らは、この元となる予測法JEAC4201-2007に初歩的かつ基本的な誤りがあることを、原子力安全・保安院（当時）が設置した高経年化意見聴取会（2012年）の席上で指摘した[5,6]。原子力安全・保安院は結論を避け、今後の「学協会」（図13.1参考）の議論にゆだねるとした。しかし、電力中央研究所および日本電気協会は、抜本的な

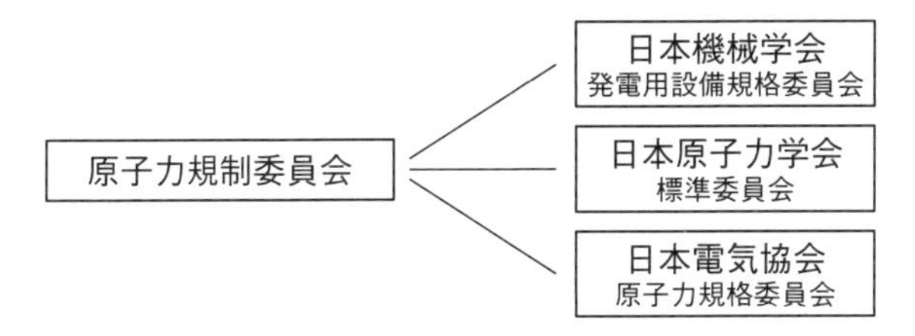

図 13.1　原子力発電施設の技術基準と学協会規格

原子力発電施設の技術基準は、学協会が作成した規格を、原子力規制委員会が技術評価し、エンドース（是認）する仕組みになっている。2000年前後から、民間規格の採用という流れになっている。

検討をせずに、単に係数の値を調整してJEAC4201-2007【2013年追補版】を確定し、それを原子力規制委員会はエンドース（是認）した。これが現在までの経緯である。以下、具体的に述べることにしよう。

13.2　電力中央研究所の脆化予測法

電力中央研究所（電中研）が開発した予測法は、同所の研究報告[3]および国際会議論文集[7]に述べられている。電中研の予測法は、単に“既存のデータ点をにらんで線を引く”といったものではなく、「照射脆化がなぜ起こるか？」という考察に立脚し、“機構論に先導された予測手法”であるという。しかし、その予測法の基礎とされている反応速度式に致命的な誤りがあることを筆者らはみつけた。

電中研予測法では、中性子照射による硬化量（＝変形に必要な応力増加）と脆性遷移温度上昇の関係式は、次のように導かれる。

ステップⅰ

中性子照射による変形応力の増加は、溶質原子クラスター（solute cluster、SC）とマトリックス損傷（matrix damage、MD）という2種類の欠陥の形成によるとする。その数密度（単位体積当たりのクラスターの数）をそれぞれC_{SC}およびC_{MD}と表す。溶質原子クラスターとは、銅などの不純物原子の集合体をさす。マトリックス損傷とは、結晶の格子欠陥（空孔や格子間原子）の集合体で欠陥クラスターともいう。

ステップⅱ

これらの欠陥が転位の運動を妨げるために硬化が生じるという分散硬化理論（7.5節参照）にもとづき、変形応力の増加（$\Delta\tau$）は欠陥の数（数密度）の平方根に比例すると仮定する。すなわち、

$$\Delta\tau_{SC} \propto \sqrt{C_{SC}} \text{、} \quad \Delta\tau_{MD} \propto \sqrt{C_{MD}}$$

ステップⅲ

脆性遷移温度の上昇（ΔT）は応力上昇に比例すると仮定する。すると、それぞれの欠陥についての式は次のようになる：

$$\Delta T_{SC} \propto \Delta\tau_{SC} \propto \sqrt{C_{SC}} \text{、} \quad \Delta T_{MD} \propto \Delta\tau_{MD} \propto \sqrt{C_{MD}}$$

したがって、欠陥の数密度 C_{SC}、C_{MD} を求めれば、脆性遷移温度の上昇が計算できる。

では、欠陥の数密度はどのように求まるか。それは、中性子照射により導入形成される欠陥の数 C_{SC}、C_{MD} の変化を表す反応速度式をつくり、それをもとに欠陥の数を計算する。JEAC4201-2007 には、PWR および BWR について、各原発の Cu、Ni 濃度、中性子束（10^8 から $5\times10^{11}/cm^2s$）、中性子照射量に対して遷移温度の増加量が 36 枚の数表により示されている。

では、電中研の予測法はどこがおかしいのか。報告に書かれている反応速度式は次のようになっている。

溶質クラスター（銅クラスター）C_{SC} は、① マトリックス損傷を起点とする形成と、② 銅原子が集まることによる形成とによるとして、次の反応速度式（クラスターの数の変化を表す式）を立てる：

- 溶質クラスターの数 C_{SC} の時間変化 $dC_{SC}/dt = a\, C_{Cu}\cdot D\cdot C_{MD} + b(C_{Cu}\cdot D)^2$　(1)

この式は、電中研論文の式の本質を損なわないように簡略化したものである。もとの正確な表式は電中研報告[3]あるいは筆者らが発表した論考[1,2,5,6]を参照いただきたい。a、b は比例係数で、脆化予測式を決める際のパラメータである。C_{Cu} は銅原子の数、D は銅原子の拡散係数である。この式の第 1 項は、マトリックス損傷（たとえば、空孔クラスター）に銅原子が拡散して銅クラスターを形成する場合で、これを照射誘起クラスターとよんでいる。また、第 2 項は、銅原子が集まってクラスターを形成する場合で、これを照射促進クラスターとよんでいる。この式のほかに、

- マトリックス損傷（欠陥クラスター）の数 C_{MD} の変化を表す反応速度式　(2)
- 溶質原子の数 C_{Cu} の変化を表す反応速度式　(3)

を立て、これら 3 式を連立させて、3 つの量 C_{SC}、C_{MD}、C_{Cu} の時間変化を追ってゆく。

出発点となるこれらの式のうち、(1)式に致命的な誤りがある。この式について、電中研報告は以下のように説明している。

「第1項はマトリックス損傷を起点とする形成（照射誘起クラスター形成）を記述する項、第2項は固溶限を上回るCu原子の析出による形成（照射促進クラスター形成）を記述する項で、固溶限を超えるCuの量、その拡散係数の二乗として記述される。」

よく見ると、第1項 $C_{Cu} \cdot D \cdot C_{MD}$ には、拡散係数 D が1乗で入っているのに対し、第2項（$C_{Cu} \cdot D)^2$ には拡散係数が2乗で入っている。「数式の左右両辺の各項の次元が等しい式のみが物理的に意味がある」という次元一致の原理にこの式は反する。2つの量を加えるとき、その次元は同じでなければならない。長さ（1乗）と面積（2乗）を加えることはできないのだ。

銅原子が結晶中をランダムに動き回って集合体をつくるような場合は、ランダム・ウォークの考え方が基礎になる。ランダム・ウォーク理論とは「酔歩の理論」とも称され、3章の拡散現象の基礎概念である。酔っ払いが目的を定めずに前後左右にふらふらと歩くように、銅原子が格子中を動くとすると、銅原子が出会う頻度はどうなるかというのがここでの設問である。出会う頻度は、相手の数に比例し、かつ自分自身の存在数にも比例するので、結局、銅原子の数の2乗に比例する。一方、相手に出会う頻度は自分が動く速さ（ジャンプ数）に比例するが、相手が動いていようと止まっていようと平均の出会う頻度は変わらない。よって、拡散係数の1乗に比例する。ランダム・ウォークする2つの粒子（濃度 C）が出会う頻度は、ジャンプ頻度を f とすると、fC^2 に比例する。$(fC)^2$ ではない！　3章で述べたように、拡散係数は原子のジャンプ頻度に比例するので、下線を引いた上記文章は誤りで、「固溶限を超えるCuの量の二乗と拡散係数の積として記述される」とすべきで、第2項は $D \cdot (C_{Cu})^2$ の形になるべきである。

電中研報告にはこの式以外にも誤りがあり、また、拡散係数の値も桁外れの非常識な数値が用いられている。それらについては、文献［1］［2］を参照していただきたい。

仲間内評価（Peer review）の危うさ

原子力安全・保安院が設置した高経年化意見聴取会において、井野博満委員が電中研モデルの誤りを指摘した際、曾根田直樹委員（電中研論文の筆頭著者）は次のように反論した[8]。

「････　JEAC4201-2007で採用された脆化予測モデルはこのような複雑な物理現象の基礎過程を記述するものではない。脆化予測モデル中の照射促進項は、上記に示したような基礎過程の理解を踏まえ、複雑なプロセス（脆化に効くクラスターが形成されるまでの核形成、成長、安定化）を、簡単な項により近似するために考えられたものである。照射促進項は、井野委員が主張される拡散する2つの粒子（銅）が出会うことを記述する項ではない。

なお、本脆化予測モデルの基盤となる機構、ミクロ・マクロ相関、係数のフィッティングに利用すべきデータベースについては、これまでに多くの専門家の方々にご意見をいただき議論され、学術的にも受け入れられてきている。脆化予測モデルの開発には、照射損傷の基礎理論および圧力容器照射脆化に関する国内外の第一人者である東京大学名誉教授の石野栞教授にもご参加いただいている。石野教授も、照射促進項は諸々の複雑性を単純な項でうまく記述するためのモデルであるとのお立場である。また、予測法開発段階では、照射脆化のメカニズムおよび監視試験データに精通した国内外の6名の専門家からなる集中的なレビュー検討会を平成16年に開催し、予測法について詳細な分析とこれに基づいた改善への推奨方策を議論いただいている。（中略）電中研の報告書に加えて本脆化予測モデルについて述べた論文は、照射脆化に関する主な専門家が集まる米国ASTMの会議で口頭発表ののち、論文投稿し受理されている。（中略）本脆化予測モデルについては、これらの経緯を経て国内外で広く認知され、その結果として、欧州の照射脆化専門家会議、米国NRCの照射脆化に関する専門家会議、NATO主催サマースクール、IAEA主催スクール、その他の国際会議、国外大学での講義等、国際的な場で合計11件の基調講演・招待講演・講義（他に国内で3件の基調講演、招待講演）を依頼されるなど、国際的にも成果は広く受け入れられている。」

これに対する筆者らの＜批判＞を記す。

「拡散係数の2乗の項は誤りである」との指摘に対しては、“照射促進項は、井野委員が主張される拡散する2つの粒子（銅）が出会うことを記述する項ではない。複雑なプロセスを、簡単な項により近似するために考えられたものである”と苦しい弁解をするのみで、なぜ「複雑なプロセスをこの項により近似する」ことができるかという説明は一切ない。多数原子が会合するクラスターの形成においても、「拡散係数の1乗」の項で近似できるのであるから、この弁解はまったく根拠がない。

「国内外で広く認知され、云々」と自画自賛の言葉が並べられているが、結局のところ、電中研の研究を高く評価した研究者たちは、モデルの根幹――基本思想と基本式（反応速度式など）の合理性――を検討せず、著者の自賛を鵜呑みにしたのだといわざるをえない。2012年7月、九州大学応用力学研究所で開催された“炉内構造物の経年変化に関する研究集会”においてこの点を指摘したところ、ある研究者は「基本式に初歩的なミスがあるとは！」と絶句していた。著名な雑誌に受理掲載されたとしても、論文内容が正しいとは限らないことを強調しておきたい（注1）。

読者は、「電中研モデルの基本となる反応速度式には致命的な誤りがあるにもかかわらず、もっともらしい解析結果（予測曲線）が得られるのはなぜか？」という疑問をもたれるに違いない。改めてそれに対する筆者らの考えを記しておこう。

中性子照射試料の脆性遷移温度のデータベース（監視試験片）をもとに予測式を作成する際、電中研モデルでは“一連の反応速度式”を設定するが、この反応速度式には19個の係数が含まれている。したがって、反応速度式に誤りがあっても、データベースをそれなり再現する係数を選ぶことができるのであろう。しかし、予測式に誤りがあれば、データベースの範囲を超える高照射量領域における予測値は信頼できない。「新しいデータ点が得られたので、その点を通るように線を引き直す」という操作（2013年追補版）が必要となったのは、予測式に誤りがあったための可能性がある。電中研予測式を採用した日本電気協会は、このことについて学術的に検討し明らかにする責任がある。

コンピュータにより紡ぎだされる壮大な蜃気楼に幻惑されて、最も重要である“根幹となるモデル、それを翻訳する数式の健全性・合理性”の検討がおろそかにされていないか？　電中研論文の誤りに気づかず、“機構論に基づいた画期的な方法”と評価してきた国内外のこの分野の研究者の責任が問われる。現代の病根の典型をここに見る感がある。さらに、この予測式の誤りが指摘されたにもかかわらず、その誤りを認めない研究者たちと現行の規程を使い続けようとする規制当局は、原発の安全よりも自分たちの権威の保持を優先する態度と断じてよいだろう。次節ではその問題について述べる。

（注1）　電中研の脆化予測法に関する研究は、第24回ASTMシンポジウム（材料の照射効果及び燃料サイクル）で口頭発表され、オンラインジャーナルに掲載された[7]。そこで、この雑誌あてに筆者（小岩と井野）は連名で、“Letter to the Editor”を送り、この論文には誤りがあることを指摘し、訂正文の掲載を求めた。

シンポジウム主宰者かつ編集責任者であるJeremy Busbyの回答の冒頭部分の訳を以下に示す。

「原子力圧力容器鋼及び照射損傷に関する数人のエキスパートに原論文とLetter to the Editorを送り意見を求めた。このLetterに述べられているコメントは価値あるもので、この種の現象を扱う際に広く用いられているものと異なるやり方で（原論文の）方程式が展開されていることに疑問を提起しているのは当然である。また、原子炉の安全性への関心が世界的に高まっている現状からも、このような懸念はよく理解できる。」

電中研報告の改訂版[4]は、このLetterが受理され、読者に周知することが決定（2013年1月）された後に発行されたにもかかわらず、このことに全く触れていないのは不誠実かつ不当である。

13.3 原子力規制委員会による技術評価

原子力発電に関する技術基準については、学協会など民間の組織が策定したものを規制当局（以前は原子力安全・保安院）が技術評価したうえでエンドース（是認）することになっている。図 13.1 に示すように、日本機械学会、日本原子力学会、日本電気協会の 3 学協会で、ほぼすべての技術基準の策定を担っている。

原子力規制委員会は JEAC4201-2007【2013 年追補版】について 2015 年 1 月、技術評価作業を開始した。小岩と井野は連名で原子力規制委員会委員長宛に意見書を提出し、上述した基本式の誤りを指摘し、抜本的な検討を行うことを要請した。しかし、原子力規制委員会は“既に技術評価されている 2007 年版/2010 年追補版と 2013 年追補版との相違点について技術的妥当性を評価する”と基本式の誤りには踏み込まず、実験式（相関式）として監視試験片データの再現性のみに注目して評価作業を行った。この作業を行う検討チームには、外部専門家として 3 人の大学関係者が加わったが、その参加要請の際には、この“監視試験片データの再現性のみに注目して評価作業を行う”ことを強調し、電中研モデルの誤りには踏み込まないよう予防線を張った。

基本式の誤りについては前節（13.2）に述べたので、ここでは原子力規制委員会と同じく“予測式は理論的なものでなく、現象を数式で表すための相関式（経験式）である”という視点で検討を行う。そうした立場に立つとき、どのような問題があるか、統計学の専門家、吉村功（東京理科大学名誉教授）に意見を求めたところ、次の点が指摘された。

反応速度式などに含まれる 19 個という未知のパラメータ数は常識をはるかに超えて多い。パラメータ数が多いと以下のような問題がある。

- パラメータの一意性が成り立っていない可能性
- 推定値の間の独立性が失われる可能性
- 当てはめすぎ現象で予測式の妥当性が失われる可能性

JEAC4201-2007 による予測の実際

上述の問題点について述べる前に現行予測法の具体的な手順を説明しておこう。脆化予測法、予測式という用語が使われているが、JEAC4201-2007 および追補版の中身は 36 枚の数表（PWR 22 枚、BWR 14 枚）である。すなわち、4 つの量：

鋼材の Ni 濃度、Cu 濃度、中性子束（$/cm^2s$）、中性子照射量（$/cm^2$）、

について、ΔRT_{NDT}（脆性遷移温度の上昇量）の値が表示されている。これらの表から（適当な補間を行って）読み取った数値（計算値）を用いて、予測値が次式で与

えられる。

ΔRT_{NDT} 予測値＝[ΔRT_{NDT} 計算値＋M_{C}]＋M_{R}

M_{R}：マージン 22 ℃

ここで、マージン M_{R} は、データベースの値と予測値の標準偏差の2倍として与えられている。さらに、特定の原子炉について次式で定義される M_{C} が加算される。

$$M_{\mathrm{C}} = \sum_{i=1}^{n} \left\{ (\Delta RT_{\mathrm{NDT}}\ \text{実測値})_i - (\Delta RT_{\mathrm{NDT}}\ \text{計算値})_i \right\} / n$$

以上の手順を図13.2に示した。図12.6に示した高浜原発1号炉の脆化予測曲線（40年目）はこのようにして求められたものである。

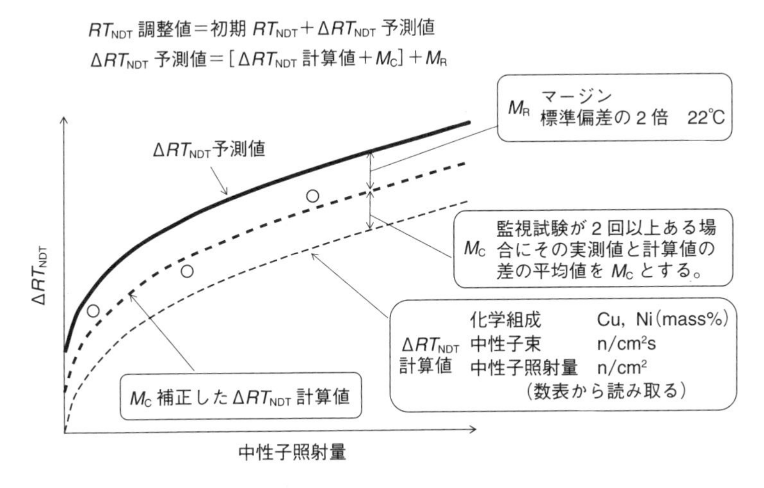

図 13.2　脆性遷移温度変化量の予測値計算法

JEAC4201-2007【2013年追補版】における脆性遷移温度上昇量の予測値計算法。縦軸に照射前と比較した脆性遷移温度（関連温度）の上昇量 ΔRT_{NDT} を示す。点線が数表から読み取った計算値で、破線が個別原子炉の偏り補正 M_{C} を加えたもの、実線はさらに統計誤差（標準偏差）M_{R} を加えた曲線である。

原子力規制委員会への意見書提出

上述のようにJEAC4201-2007【2013年追補版】の技術評価審議は外部専門家3名が参加する検討チームによって行われ、2015年1月から6月の間に4回会合が開催された。小岩・井野はこの検討チームの審議を傍聴し、技術評価書（案）に対して、座長を務めた田中知原子力規制委員会委員宛に意見書を送った。その内容は、『科学』2015年6月号に紹介されている[9]。以下にその概要を記す。

(1)　M_Cという補正項の意味について

M_Cは計算式からの系統的な偏りを示す指標で、個別原子炉ごとの偏り補正である。このようなわかりにくい量を導入せざるをえないのは、

1）予測式に誤りがある。

2）予測式に表現されていない未知の因子がある。

のいずれか、あるいは両方である。このように、M_Cはデータのばらつきを示すものではなく、その試験片の系統的な偏りを示すものである。評価書にはそのことが明確には書かれていないので、注意を喚起する。

(2)　予測式のパラメータ修正

新たに得られたデータが従来の予測式から外れた場合、そのたびごとに予測式を修正するのは合理的なことか？　予測式なるものは、現象をできるだけ精度よく、かつ未来の結果が外れないように予測するためのものである。そういう視点で見ると、高照射量のデータが得られたからといって、パラメータフィッティングのみをやり直す電力中研の判断は誤りである。基本の反応速度式の誤りが指摘されているのであるから、その点をまず正すべきで、エンドースを行う規制当局の役割もまさにその点にある。

(3)　フィッティングパラメータがあまりにも多い問題

予測式は理論的なものでなく、現象を数式で表すための実験式である、という視点で考えると、このパラメータの数はあまりにも多い。（中略）解析が信頼できるものであるかどうか検証することが必要であり、データおよび解析プログラムの公開が必須である。

(4)　監視試験データの照射量を超えての外挿は行うべきでない

ここで示されている予測式が相関式でしかなく、また、様々な点において問題を含む関係式である以上、監視試験データでの照射量を超えての外挿は危険である。外挿すべきでないことは、検討チームの二人の外部専門家も強く主張している。

「外挿すべきでない」とは、評価対象とする時期において、破壊靭性評価に使われる容器内表面の推定照射量が、監視試験データでの最大の照射量以下であるべきことを意味する。このことを規制委員会の『技術評価書』に明記すべきである。具体的には、40年運転時期において、60年までの運転延長を審議する際には、60年時点での推定照射量を超える照射量の監視試験データが必要ということである。(後略)

原子力規制委員会における技術評価書の審議

原子力規制委員会の委員長、委員ならびに検討チームの委員諸氏宛には、上記の意見書に加えて、小岩・井野らが執筆した解説の別刷を送付し、技術評価を適切に行うよう要請した。これに対する公式の回答はなかったが、原子力規制委員会においてはわれわれの主張・指摘を肯定的に受け止めた発言も多く聴かれた。以下にその一部を紹介する。

平成27年7月22日開催の原子力規制委員会には、JEAC4201-2007【2013年追補版】に関する技術評価書（案）が提出され、意見募集を行うことが承認された[10]。このとき、更田豊志委員長代理、田中俊一委員長は以下のように発言した（要約）。

• 更田豊志委員長代理

日本電気協会の予測式に関しては様々な議論がある。電気協会だけではなく機械学会、金属学会も含めて、この関連温度移行量の予測については、より説得力のある議論を重ねていただきたい。規制に使うように提案をする以上、（日本電気協会は）疑問や問いかけに対して、きちんと答える責任がある。フィッティングカーブに係数がたくさんあること、次元に関する問いかけなど様々な疑問を受けている。

• 田中俊一委員長

19のパラメータの物理的意味とか、私にもとても理解できないような式になっている。

平成27年10月7日開催の原子力規制委員会[10]には、意見募集の結果が報告され、技術評価書が承認された。倉崎技術基盤課長、更田委員長代理の発言の要約を以下に記す。

・倉崎技術基盤課長

技術評価書に今後の対応として次のようにまとめた。

(a) 今後得られる監視試験のデータが日本電気協会の2013年追補版に基づき算出される予測値を上回った場合には、当該データによる予測式への影響を評価し、その評価結果を原子力規制委員会に報告することを協会に対して求める。

(b) 同協会から報告が得られない場合には、事業者に安全性に関する実証を求めていくということにせざるをえない。

(c) 日本電気協会に対して特定指導文書を出し、今後の対応方針について報告を求める。

・更田豊志委員長代理

技術評価書の案をもとに、3つのことを申し上げたい。

(1) 上記 (a)、(b) に関連して (日本電気協会が報告しない場合には) 事業者に説明を求める。その場合、日本電気協会の予測式が果たす役割がそこで失われる。

(2) 日本電気協会はこれ (JEAC4201-2007) を物理的なモデル式だとして示してきた。内容に関する問いかけに対してきちんと答えるのは、学協会規格を与える者としての当然の責任である。

(3) 日本電気協会に対して報告を求めることになっているが、それに応じられないのだったら別の場を立てるという姿勢を見せていい。原子力規制委員会が日本電気協会に (期待することを) あるところで諦めなければならないのかもしれない。それならそれで、プロアクティブにこちらで場を立てて、脆化予測式の検討をする、そういう覚悟といいますか、そういう姿勢をもったうえで、日本電気協会に今後どうするのですかというのをぜひ問うてもらいたい。

原子力規制委員会の姿勢を問う

原子力規制委員会は、「我が国の原子力規制組織に対する国内外の信頼回復を図り、国民の安全を最優先に、原子力の安全管理を立て直し、真の安全文化を確立すべく、設置された」(同委員会ホームページ)。新たな体制における学協会規格活用が、どのような審議を経て行われるのか、旧原子力安全・保安院の対応とどのように異なるのか、重大な関心をもって注視し、上述のごとく意見書を提出した。にもかかわらず、「基本式に誤りがあるという指摘」に正面から向き合うことを避け、「当面の規制には適用可能である」としてエンドース (是認) したことには失望を禁じえない。

しかし、上で述べたように、原子力規制委員会における審議において、日本電気協会の対応に対して不信感といらだちが公然と表明されていることは、筆者らの指摘が受け止められていることを示している。この理論的根拠が失われている規程を使い続けるのは、いくらなんでもまずいと考えたのであろう、その後、原子力規制委員会は日本電気協会に「特定指導文書」なるものを発出し、2018年に予定されている次の改訂では規程を根本から見直すことを求めた。今の規程が通用しなくなることは確実になったと考える。関係者 (関村直人東大教授、曾根田直樹電中研研究員など) は誤りを認め、誠意をもって対応すべきである。

本章で述べた問題は、筆者らが直接関わった出来事であった。電力中研の論文には、基本式が導かれた際の基本的な考え方や各項の詳細な説明は記されていない。本稿ではそれらを説明するとともに、誤りを指摘し、現在採用されている規格の危うさを指摘したものである。

コラム　原発の運転・廃炉の状況と 40 年運転期限ルール

日本の商業用原発は、1966 年の東海原発（GCR、ガス冷却炉）運転開始を経て、1970 年から建設ラッシュが始まり、1970 年の敦賀原発 1 号機（BWR、沸騰水型軽水炉）と美浜原発 1 号機（PWR、加圧水型軽水炉）運転開始を皮切りに、1970 年代には 20 基の原発が運転開始した。1980 年代には 16 基、90 年代に 15 基、2000 年以降に 5 基と、合計 57 基が建設された。

このうち、東海原発は 1998 年、浜岡 1 号・2 号機は 2009 年に運転を終了した。2011 年 3 月 11 日の福島第一原発事故により、同原発 6 基が廃炉になり、また、2013 年 7 月に制定された新規制基準制度のもとで、2015 年 3 月以降、敦賀 1 号機、美浜 1 号・2 号機、島根 1 号機、玄海 1 号機、伊方 1 号機の廃炉が決まり、2017 年 12 月には大飯原発 1 号・2 号機についても廃炉が決まった。新規制基準で求められる追加工事が巨額になりそのコストが回収できないためという。これまでに廃炉が決まったのはいずれも 50 万 kW 級以下の比較的小型の原発だったが、大飯 1 号・2 号機という電気出力 118 万 kW という大型原発でも採算が取れないという判断がなされたことは重要である。これで曲がりなりにも生き残っている原発は 40 基になった。

さて、生き残っている 40 基のうち 26 基について、新規制基準が公布された 2013 年 7 月以降相次いで適合性審査の申請がなされ、川内 1 号・2 号機、伊方 3 号機、高浜 3 号・4 号機、玄海 3 号・4 号機、大飯 3 号・4 号機、柏崎刈羽 6 号・7 号機の 11 基と、40 年を超えての運転延長を申請した高浜 1 号・2 号機、美浜 3 号機の 3 基（計 14 基）が適合性審査に合格し、設置変更許可が出された。川内 1 号・2 号機は 2015 年 9 月と 11 月、伊方 3 号機は 2016 年 9 月に営業運転を開始した。高浜 4 号機は 2015 年 12 月に再稼働したが、2016 年 3 月、大津地裁の仮処分決定により運転停止、2017 年 4 月に大阪高裁でこの決定が覆り、運転が再開された。玄海 3 号・4 号機については、2017 年 4 月佐賀県知事が再稼働に同意し、佐賀地裁は差止を却下した。伊方 3 号機は、2017 年 12 月、広島高裁での控訴審で、火山噴火の危険性についての原子力規制委員会の判断は不適切だとして、運転差止が認められた。

これら 40 基のうち、1990 年以前に運転開始した 22 基は、2030 年までに 40 年の運転期限を迎える。これら原発の運転延長はどうなるのか。民主党政権時代の 2013 年 7 月、原子炉等規制法の改正により、原発の運転期間を原則として 40 年とすることが決まった。ただし、1 回に限り 20 年以内の運転延長認可が認められるという抜け道が設けられた。

この特例を利用して、高浜 1 号・2 号機、美浜 3 号機の運転延長が原子力規制委員会に申請され、2016 年 7 月以降相次いで認められた。圧力容器鋼材の脆化が最も著しい高浜 1 号機を含むこれら 3 基の運転延長認可は、この抜け道が本道になるおそれを示している。

運転延長認可の際には、「特別点検」を行い、劣化評価・保守管理方針の審査を行うとしており、「特別点検」の対象機器は、原子炉圧力容器、原子炉格納容器、コンクリート構造物となっている。圧力容器の超音波探傷検査は、それまで、溶接部（溶接線近傍）に限って実施すればよいとしていたが、炉心部内面すべて（母材と溶接部）へ対象を広げた。ところが、PWRについては、「炉心領域100％」としているのに対し、BWRについては、「炉心領域、接近できる全検査可能範囲」と記されていて、検査が困難な箇所はやらなくてよいとしている。格納容器については、PWR・BWRとも、「接近できる全検査可能範囲」と記されている。これらの記述は、検査ができない箇所は目こぼしすることを意味する。既存の原発を救済することに配慮して手加減した基準であると言わざるをえない。

文献

［1］小岩昌宏：原子炉圧力容器の照射脆化—脆化予測法JEAC4201-2007は誤っている—．金属、85巻、p.87、2015

［2］小岩昌宏：原子力規制庁の技術評価は信頼できるか？—圧力容器の照射脆化予測法をめぐって．金属、86巻、p.499、2016

［3］曽根田直樹、土肥謙次、野本明義、西田憲二、石野栞：軽水炉圧力容器鋼材の照射脆化予測法の式化に関する研究—照射脆化予測法の開発—．電力中央研究所報告Q06019、2007.4

［4］曽根田直樹、中島健一、西田憲二、土肥謙次：原子炉圧力容器鋼の照射脆化予測法の改良—高照射監視試験データの予測の改善—．電力中央研究所報告Q12007、2013.3

［5］小岩昌宏：原子炉圧力容器の脆化予測は破綻している—でたらめな予測式をごまかす意見聴取会．科学、82巻、p.1150、2012

［6］小岩昌宏：続　原子炉圧力容器の脆化予測は破綻している—日本電気協会、電力中央研究所と学者・研究者の姿勢を問う．科学、84巻、p.152、2014

［7］N. Soneda, K. Dohi, A. Nomoto, K. Nishida and S. Ishino: Embrittlement correlation method for the Japanese reactor pressure vessel materials. J. ASTM Int., 7, Issue 3, 2010

［8］高経年化技術評価に関する意見聴取会　第14回 資料13　井野委員の指摘に対するコメント（曽根田委員）http://warp.da.ndl.go.jp/info:ndljp/pid/3532877/www.nisa.meti.go.jp/shingikai/800/30/014/14-13.pdf

［9］井野博満、小岩昌宏：原子炉構造材の中性子照射脆化をめぐる意見書．科学、85巻、p.555、2015

［10］平成27年度第20回原子力規制委員会　https://www.nsr.go.jp/disclosure/committee/kisei/00000053.html

［11］平成27年度第32回　原子力規制委員会　https://www.nsr.go.jp/disclosure/committee/kisei/00000073.html

14章

原子炉圧力容器の破壊靭性評価

配管が破断したりポンプが故障したりして原子炉に水が循環しなくなったときには、緊急炉心冷却装置（ECCS）が働いて予備の冷却水が送り込まれる。そのとき、圧力容器（運転時約300℃）の内面は、冷却水によって一気に冷やされ収縮し、外面との温度差によって強い引張り応力がかかる。このとき内面にひび割れがあれば、ひびを広げようとする力を受ける。圧力容器の鋼材がその力に耐えられるかどうか、その力に耐えられる靭性（粘り強さ）をもっているかどうか、それを調べるのが破壊靭性評価である。前節までに述べた鋼材の脆性遷移温度が密接に関係するが、加えて、破壊靭性試験の結果が重要な指標になる。

14.1 原子炉圧力容器の加圧熱衝撃とは

図14.1は、圧力容器胴体部を輪切りにした断面と考えていただきたい。容器内面には、運転状態では内圧（PWRでは150気圧、BWRでは70気圧）によって引張り応力（押し広げようとする力）が生じており、図14.1の上図はその様子を表している。容器内面が急冷されると収縮しようとして容器外面との間に下図に表すような引張り応力が付け加わる。内面にひび割れ（き裂）があると、囲み図に示すように、ひび割れを広げるような力が働く。この力が、8章で述べた応力強度因子（応力拡大係数）K_Iである。

急冷の過程で、ひび割れにかかる力：応力強度因子の時間変化を温度軸上にプロットすると、図14.2の右下の山型の曲線になる。これをPTS（pressurized thermal shock：加圧熱衝撃）状態遷移曲線（K_I曲線）という。山型になるのは、材料が冷やされる途中で内面と外面との温度差が拡大し、ひび割れに働く熱応力が

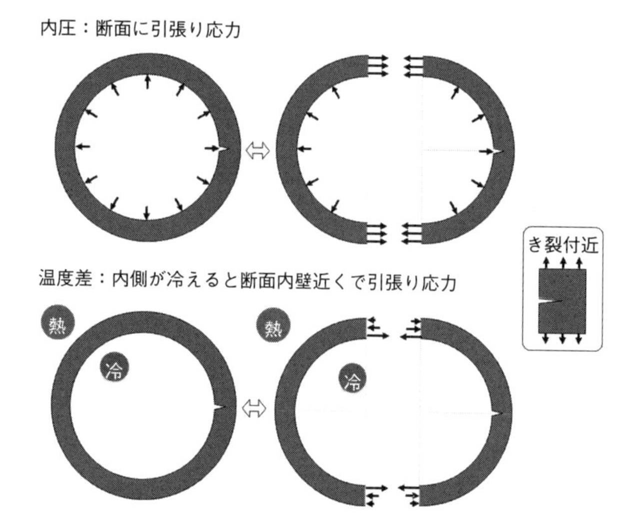

図 14.1 原子炉圧力容器に作用する応力（断面図）

圧力容器内面にかかる内圧と熱応力。この図は、圧力容器を輪切りにした断面である。上図は、内圧（PWR では 150 気圧）によって容器内面に引張り応力が生じていることを示す。下図は、LOCA（冷却水喪失事故）の際、注入された冷却水によって容器内面が急冷されて収縮し、き裂を拡大させる力が働くことを示す。右図は内面のき裂付近を拡大した図。

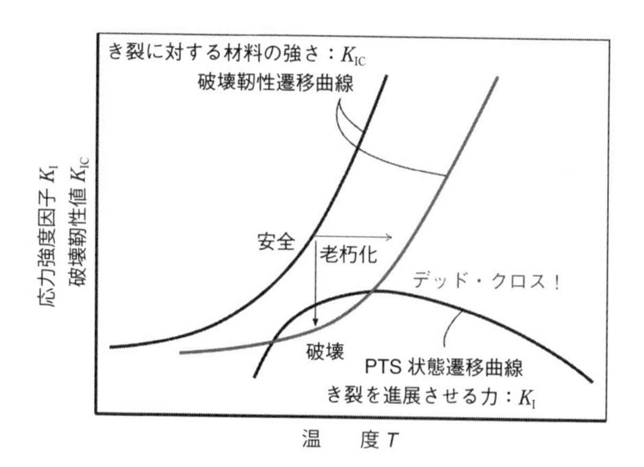

図 14.2 破壊靭性曲線と PTS 曲線の関係

容器内面のき裂にかかる力の大きさ（応力強度因子 K_I）と耐えられる力（破壊靭性値 K_{IC}）の関係。右下の PTS 状態遷移曲線は、内面が急冷された後、冷却途上にき裂にかかる力の大きさ K_I の温度変化を示す曲線である。一方、左上の破壊靭性遷移曲線は、破壊靭性値 K_{IC} の温度依存性を示したものである。照射脆化によって K_{IC} 曲線が K_I 曲線とクロスすれば、ひび割れを進展させる力に負けることを意味する。

大きくなるが、時間が経つにつれ、温度が下がるとともに内面と外面との温度差が縮小し、熱応力が小さくなるからである。

一方、図 14.2 の右上がりの曲線は破壊靭性値 K_{IC} の温度依存性を示す。破壊靭性は、8 章で述べたように、温度が高いほど靭性が増してひび割れに耐える力が大きくなるので、破壊靭性曲線（K_{IC} 曲線）は右上がりの曲線になる。この両曲線が交差しなければ、解析上、破壊は起こらないとされる。圧力容器鋼材が中性子照射を受けると脆化が進み、破壊靭性曲線は右下へ移行する。両曲線が交差すると、もはや圧力容器の健全性は保証されない。

この考え方を軸とした破壊靭性評価法は、日本電気協会規程「原子力発電所用機器に対する破壊靭性の確認試験方法」JEAC4206-2007 として定められ、原子力安全・保安院（当時）によってエンドース（是認）され、現在に至っている。

14.2　破壊靭性曲線の求め方

では、破壊靭性曲線はどのように求められるか？

圧力容器の中に置いてある監視試験片（図 12.2 参照）を取り出し、いくつかの温度で破壊靭性を測定する。それらの測定値を下限包絡するように、すなわち、それより下にはデータがないように曲線を描く。日本電気協会の規程「原子力発電所用機器に対する破壊靭性の確認試験方法」（JEAC4206-2007）附属書 C には、その曲線の形が測定温度 T の関数として、

$$K_{IC} = 20.16 + 129.9 \exp[0.0161(T - T_p)] \quad \cdots \text{（C8）式}$$

という右上がりの曲線で与えられている。パラメータ T_p は測定データを下限包絡するように決める。（C8）式の形は、多くの実験結果をもとに決められたとされる。

破壊靭性値 K_{IC} は、中性子照射量が増えるにつれ低下し、破壊靭性曲線（C8）式は右下にシフトする。ここで、中性子照射量の異なるすべての測定データを使う工夫として、横軸に平行に測定データを一定量 $\Delta T_{K_{IC}}$ だけシフトさせる。その際、$\Delta T_{K_{IC}}$ は ΔRT_{NDT} に等しいとする。ΔRT_{NDT} とは、同じ監視試験カプセルのシャルピー試験片について得られた脆性遷移温度のシフト量である。つまり、脆性遷移温度が上昇した分だけ、破壊靭性値も温度シフトすると仮定している。実験的におよそそういう関係が成り立つとしてこの仮定が JEAC4206-2007 では採用されている。

そうすると、ある圧力容器の初回から直近までのすべての監視試験データや照射前の測定データを使って包絡曲線をつくることができる。また、任意の中性子照射量での破壊靭性遷移曲線（C8）式を描くことができる。図 14.3 の 2 本の曲線は、玄海原発 1 号炉について、評価時点までに圧力容器が受けた照射量および運転開始

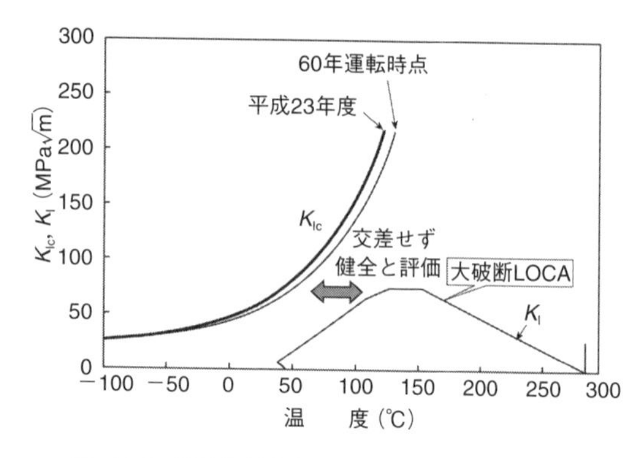

図 14.3　破壊靭性評価図の例（玄海原発 1 号炉）

破壊靭性評価図の一例。2010 年に公表された玄海原発 1 号炉についての九州電力の評価。K_{IC} と K_I は「交差せず健全と評価」しているが、本文で述べるように、様々な疑問がある。

後 60 年までに受ける推定照射量に対応する K_{IC} 曲線を求めたものである。

このような解析結果はどの程度信頼できるのであろうか。以下の問題点について検討する。

a）破壊靭性値の温度シフト量 $\Delta T_{K_{IC}}$ が脆性遷移温度のシフト量 ΔRT_{NDT} に等しい（$\Delta T_{K_{IC}}=\Delta RT_{NDT}$）という仮定について

b）破壊靭性値のばらつき（信頼性）について

a）$\Delta T_{K_{IC}}=\Delta RT_{NDT}$ は正しいか

図 14.4 は、九州電力が高経年化意見聴取会に提出した破壊靭性遷移曲線（K_{IC} 曲線）とその基礎となるデータ点を示したものである[1]。九州電力など電力各社が今まで「高経年化技術評価書」において公表していた図は、図 14.3 にあるような最終結果の K_{IC} 曲線とパラメータ T_p のみであった。高経年化意見聴取会において、委員（井野）の要求によって、その元データと作図プロセスが初めて開示された。

図 14.4 に描かれている曲線は、この開示されたデータ点をすべて下限包絡するように決められている。この図のデータ点をよく見ると、下限包絡線を決めているのは、最新の第 4 回のデータ点であり、それら 4 点は包絡曲線の近くにあることが見て取れよう。図中で温度シフト量がもっとも小さいデータ点が第 4 回データである。それに比べ、それ以外の多数のデータ点はすべて曲線の左上方にある。偶然そういうまれなことが起こったのだろうか。実は、この玄海原発 1 号炉だけでなく、筆者が知りえた範囲で検討した美浜原発 1 号炉、2 号炉、伊方原発 2 号炉はいずれも照射量の大きい最近回のデータ点が、下限包絡線を決めていることがわかっ

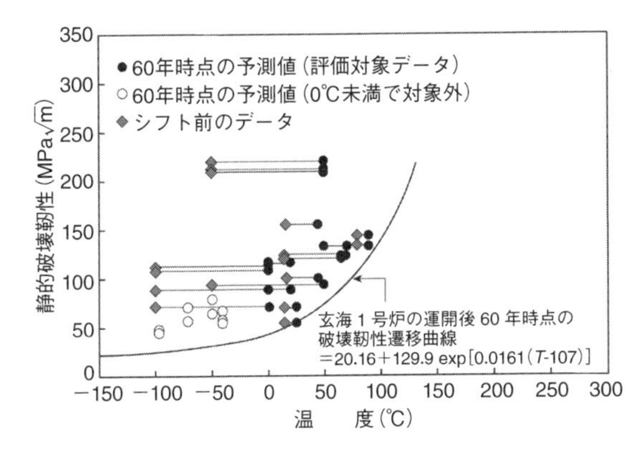

図 14.4　玄海原発 1 号炉の破壊靱性曲線の導出プロセス

2011 年の高経年化意見聴取会で九州電力が開示した生データから K_{IC} 曲線（図 14.3）を求めるプロセス。評価時の破壊靱性値を推定するために、破壊靱性値を測定した温度を、評価時と監視試験実施時の脆性遷移温度の差 ΔT_{NDT} だけシフトさせ、評価時の破壊靱性データとし、それらのデータ点をすべて下限包絡するように（C8）式のパラメータ T_p を決める。

た[2]。後で詳しく述べる高浜 1 号炉でも同じ結果である。この事実は、偶然ではなく、シフト量の決め方に問題があることを示唆している。

図 14.5 は、多くの原発における観測から得られた破壊靱性値のシフトと脆性遷移温度シフトとの関係を示した NRC のデータベースである[3]。縦軸は、マスターカーブ法（8 章参照）で求められた T_0 のシフト量であり、$\Delta T_{K_{IC}}$ と同種の量であると考えてよい。横軸の脆性遷移温度シフト量 ΔT_{NDT} は、JEAC4201 で定められている ΔRT_{NDT} と同じ量である。この図から、ΔT_0 と ΔT_{NDT} とは大きくばらつきながらもほぼ比例関係にあるといえる。しかし、よく見ると溶接金属のフィッティング直線の勾配は 0.99 で ΔT_0 と ΔT_{NDT} とはほぼ等しいが、鋼板（plate）や鍛造（forging）では、その勾配は、それぞれ 1.10 と 1.50 であり、$\Delta T_0 > \Delta T_{NDT}$ の傾向にある。このことから、ΔT_{NDT} に相当するだけシフトさせたのでは $\Delta T_{K_{IC}}$ のシフト量として小さすぎるという疑念が生じる。

破壊靱性値と（シャルピー試験での）エネルギー吸収値は、同じ破壊現象を破壊に耐える力で見るかエネルギー値で見るかという違いはあるが同じ現象に起因する測定量であり、その温度シフトが等しいだろうと考えることは妥当に思える。しかし、両者が等しくなるという理論的根拠はない。JEAC4206 が前提としてきた $\Delta T_{K_{IC}} = \Delta RT_{NDT}$ の仮定は、その導入を検討した 1980 年代においても正しいといえるものであったか疑問であり、図 14.5 に見るように現時点ではすでにその前提は崩れている。にもかかわらず、その見直しがなされていないのは奇妙に思える。

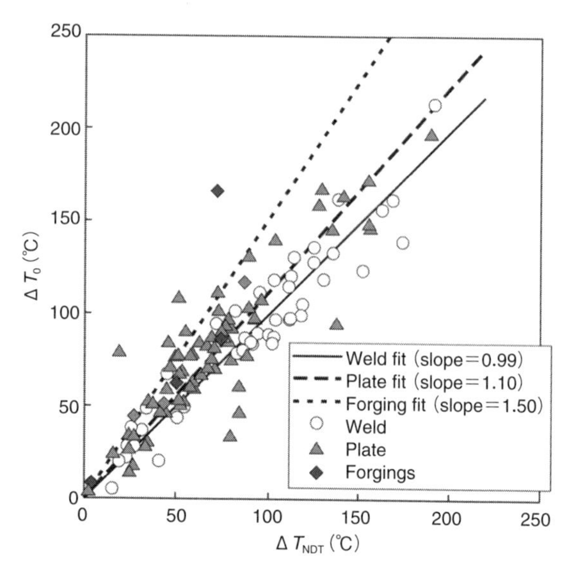

図 14.5　破壊靭性評価の前提となる NRC データベース

JEAC4206-2007 の破壊靭性評価法の前提となっている $\Delta T_{NDT}=\Delta T_0$ の根拠となる NRC（米国規制委員会）のデータベース。上記関係が成り立つのは、図の勾配が 1.0 のときであるが、溶接金属（slope＝0.99）以外は、鋼板（slope＝1.10）、鍛造材（slope＝1.50）と大きくずれていて、ばらつきも大きい。

b)　破壊靭性値のばらつき（信頼性）について

下限包絡線（K_{IC} 曲線）が PTS 事象における発生応力の大きさを表す PTS 状態遷移曲線（K_I 曲線）より十分上方にあれば、圧力容器の健全化は確保されていると考える、それが日本での監視方法 JEAC4206-2007 の考え方である。破壊靭性測定値が十分多数あり、仮に無限回の測定を行っても下限包絡線を越境しないと考えられるならば、この監視方法は妥当であろう。しかし、現実には下限包絡線を決めている直近の監視試験データは少数（玄海原発 1 号炉では 4 点）しかない。測定値の数が増えれば、より小さい値が観測される可能性が高くなり下限包絡線は下方にシフトするので、少数の測定値では、破壊靭性値の下限を与えることにならない。照射前～第 3 回までの測定データを含めれば多数のデータがあるので、下限包絡曲線は十分信頼できるというが、それらのデータについてはシフト量に疑問がある。したがって、この曲線は本当の下限包絡になっているのか、すなわち、何回破壊検査をしてもこの曲線以下の値になることはないといえるのか、懸念せざるをえない。

前述したように、JEAC4206-2007 では（C8）式を設定し、それを破壊靭性曲線としているが、破壊靭性測定値は、俗に倍半分といわれるくらい、大きくばらつく。この曲線が十分信頼できるためには、実測値に大きなばらつきがあっても、破壊靭性の下限を与えると見なせるだけのデータ数があることが条件であろう。現状はそれには程遠い。

14.3 PTS状態遷移曲線（K_I曲線）の不確かさ

では、一方のPTS状態遷移曲線（K_I曲線）はどの程度信頼できるものなのか。

冷却水喪失事故（loss of coolant accident、LOCA）時に緊急炉心冷却装置（ECCS）が働いて冷却水が原子炉に注入されると容器内面が冷やされ収縮し、強い引張り応力が働く（図14.1参照）。この発生応力の大きさは、圧力容器の肉厚や径、圧力容器内面に接する冷却水との界面での熱伝達の大きさなどによって変わる。また、内表面に想定されたひび割れ（き裂）先端に働く力は、き裂の深さと幅によって変わる。その大きさを示すものが応力強度因子K_Iで、たとえば、図14.3に示すPTS状態遷移曲線は、九州電力が玄海1号炉の諸条件を想定して計算したものである。き裂の形状は、JEAC4206の規程にそって深さ10 mm、幅60 mmの半楕円形状を仮定している。

このPTS状態遷移曲線は妥当であろうか。図14.6には、き裂深さaと圧力容器板厚Wとの比をパラメータとして松原雅昭・岡村弘之が求めたPTS状態遷移曲線[4]を示した。JEAC4206が定めている想定き裂の深さは10 mmなので、玄海原発1号炉の板厚168 mmを用いるとa/W=0.06となり、対応する曲線を図から見

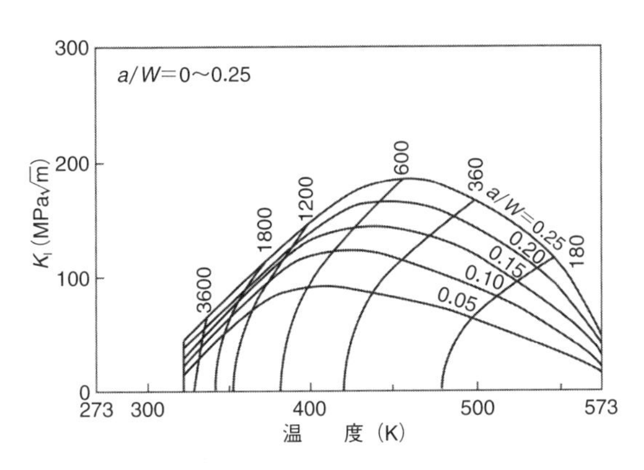

図 14.6　松原・岡村によるPTS解析事例

き裂深さaと圧力容器板厚Wとの比a/Wをパラメータとして計算している。図中の数字は、急冷後の経過時間（秒）を示している。

当づけることができる。その結果は、九電解析よりも厳しくなっている。ただし、松原と岡村の計算条件は、九電評価とは多少の違いがあることに注意しておく。モデル化の際の条件の違いによってPTS評価に違いが出る。

高経年化意見聴取会では、飯井(めしい)俊行委員が、自ら行った解析結果を示した[5]。その解析結果を図14.7に示す。飯井は、この結果から次のように考察した。

1) 現実的な熱伝達率h=1 kW/m^{2}Kを用いると、九電のPTS状態遷移曲線がほぼ再現できた。
2) 松原・岡村論文相当の熱伝達率h=2 kW/m^{2}Kを用いると、九電のPTS解析から得られている最大K_I値より約25%大きい過渡K_I値が得られた。
3) 1) と2) より、九電、松原・岡村らの検討結果に差が生じる主因は、過渡温度解析に使用する熱伝達率の差にあると推定された。
4) 一方、h=∞とした極限状態でのPTS状態遷移曲線も作成したところ、九電が提示している破壊靱性値を上回ることも確認できた。
5) 以上のことから、九電が行っているPTS解析は現実的なものに近く、破壊靱性値のばらつきを考慮する必要がない程度の保守性を有していないと判断された。

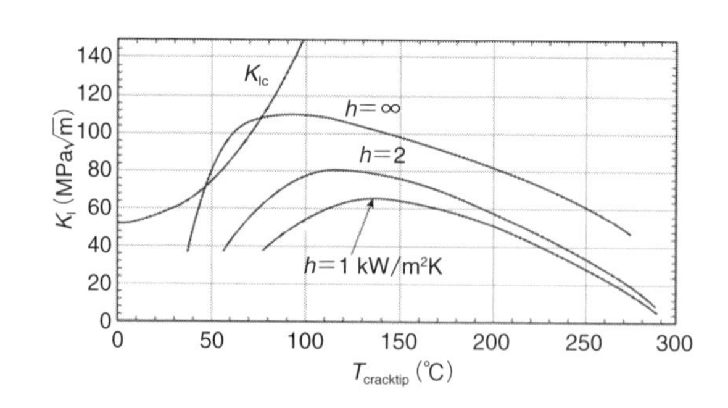

図 14.7　飯井の計算結果

飯井によるPTS解析例。容器内面と冷却水との界面の熱伝達係数hをパラメータとして計算している。横軸はき裂先端の温度。

この考察で注目すべきは、「九電の解析は現実的」であり、「破壊靭性値のばらつきを考慮する必要がない程度の保守性を有していない」という結論である。“現実的”というのは余裕がないということである。したがってばらつきを考慮すると保守的でなくなる、つまり、安全側の評価にはなっていないということを婉曲な表現で指摘している。

なお、この意見聴取会で説明を行った鬼沢邦雄参考人（日本原子力研究開発機構、JAEA）の資料[6]には米国で試算に使われた値として h=1.8 kW/m^{2}K という数値が示されていた。

界面熱伝達係数 h は、その界面での水の流れ具合によって大きく変わる。流量が十分多く沸騰がない場合に比べ、流量が少なく沸騰を生じると水に蒸発熱を奪われて、熱伝達係数は大きくなる。この沸騰熱伝達では h=10 kW/m^{2}K のオーダーになるとされる。PTS 事象では当初、沸騰熱伝達が起こり、その後は単相（液相）の熱伝達に移行すると考えられ、熱伝達係数 h は時間とともに変化する。その移行過程は LOCA の規模によっても大きく変わるであろう。熱伝達係数の値はそういう不確定さを考えて、十分余裕をもって設定せねばならないはずだが、そうはなっていない。九州電力が示した PTS 状態遷移曲線は、h=1 kW/m^{2}K という小さめの一定値を用いるなど、いくつかの仮定を含んだ計算でしかない。

14.4　高浜原発 1 号炉の破壊靭性評価

さて、再稼働が進められている高浜原発 1 号炉ではどうなっているのか。関西電力が 2003 年に提出した「高経年化技術評価書（30 年目）」と 2015 年に提出した「高経年化技術評価書（40 年目）」を比較してみて、驚くべき結果になっているのに気づいた。図 14.8 の 2 本の曲線は、それぞれの評価書にある運転開始 60 年後の

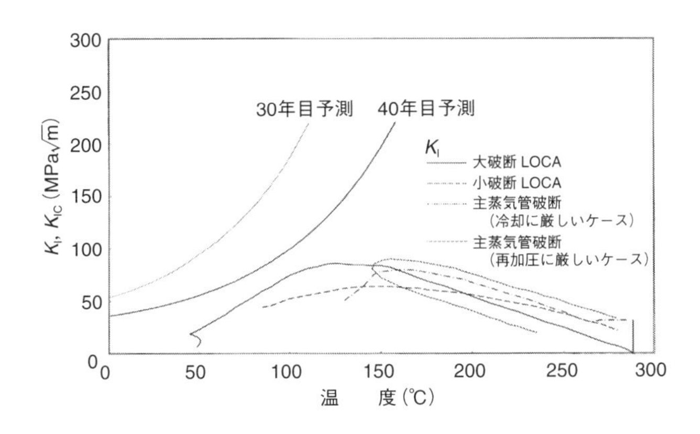

図 14.8　高浜原発 1 号炉の PTS 評価

関西電力が作成した「高浜 1 号炉高経年化技術評価書」（30 年目）と「同」（40 年目）に掲載されている図から、同じ運転開始 60 年後の予測曲線を抜き出して比較した図。両曲線の違いは驚くほど大きく、40 年目評価では右下の K_I 曲線に接近している。なお、曲線が複数あるのは、想定する冷却水喪失条件（大破断 LOCA、小破断 LOCA、主蒸気管破断）の違いによる。

破壊靭性予測曲線を抜き出したものだが、大幅に違っている！　30年目に作成した破壊靭性予測曲線は、下方のPTS遷移曲線群とはだいぶ離れているのに、40年目作成の予測曲線はぐっと近づいている。40年目予測がより現実に近いと考えるならば、30年目予測は大甘だったことになる。

こんなに予測が違うということは、40年目も含めて、破壊靭性曲線の信頼性が著しく低いことを示すものである。40年目予測曲線はPTS曲線と交差はしていないが、もし仮に、40年目の評価曲線が30年目曲線と同程度の不確実さをもつならば、交差してしまう危険性がある。さらに言うならば、PTS状態遷移曲線にも前述した不確実さがあるので、より大きな力が発生する可能性もあり、やはり両曲線が交差する危険性がある。

30年目と40年目の違いはなぜ生じたのだろうか。破壊靭性曲線を描く際の基礎データは、脆性遷移温度予測値と破壊靭性観測値とである。このうち前者の脆性遷移温度はJEAC4201-2007【2013年追補版】にもとづいて推定され図14.8に示したように、30年目時点と40年目時点とでは予測値に違いがある。新しいデータ点が追加されて予測値が高くなったのである。この脆性遷移温度の予想外の上昇は、破壊靭性曲線を求める際の破壊靭性観測値の温度シフト量を大きくし、その下限値を包絡して求められる破壊靭性曲線（K_{IC} 曲線）の右方向へのシフトをもたらす。これが第1の原因である。

第2の原因に関わる破壊靭性の観測値や破壊靭性曲線の作成過程はなかなか公表されなかった。2011年3月11日の福島第一原発事故直後、地元佐賀の住民の要求に応じて玄海原発1号炉、高経年化意見聴取会で美浜原発2号炉や伊方原発2号炉、大津地裁の訴訟で美浜原発1号炉の監視試験生データが公表されたのに比べ、関西電力の姿勢は著しく後退している。そのことを衆議院原子力問題調査特別委員会で菅直人議員が田中俊一規制委員長（当時）に問いただし、やっと白抜きなしで公開された[7]。ただし、監視試験測定値（生データ）そのものではないので開示は不十分である。

ポイントとなるのが表14.1である。説明抜きでは何のことかさっぱりわからない不親切な表であるが、この表から破壊靭性曲線が導かれた元のデータがどういうものであったかを知ることができる。この表は、前述の（C8）式から T_{p} を求める手順を示している。表の5列目が破壊靭性の測定値 K_{IC} であり、3列目の「シフト前の温度」とはその破壊靭性値を測定したときの温度である。4列目の「シフト後の温度」とあるのは、その温度に脆性遷移温度の上昇量 ΔT_{NDT} を加えたものである。この足し算は、破壊靭性値の温度シフトがシャルピー試験での温度シフトに等

表 14.1　高浜原発 1 号炉の破壊靭性曲線導出プロセス

高浜原発 1 号炉の 60 年時点における Tp 算出結果
（深さ 10 mm の想定き裂を用いた評価）

チャージ名	監視試験回次	シフト前温度（℃）	シフト後温度（℃）	K_{IC}（MPa$\sqrt{m}$）	Tp（℃）	評価
5K980-1-1	1	19	101	139.0	106.6	
5K980-1-1	1	−100	−18	40.0	98.8	
5K980-1-1	3	80	113	153.0	112.0	
5K980-1-1	3	50	83	94.0	118.5	
5K980-1-1	3	19	52	80.0	100.5	
W-501-2	2	24	76	122.0	91.5	
W-501-2	2	−50	2	47.0	100.3	
W-501-2	4	75	97	95.0	130.9	○
W-501-2	4	0	22	44.0	127.0	

関西電力が開示した破壊靭性遷移曲線の作成プロセス。表の 5 列目が測定された破壊靭性値、3 列目がその時の測定温度である。その温度を、監視試験回次に応じて ΔT_{NDT} だけシフトさせた温度が 4 列目である。そうして求めたデータ点を通るように決めた（C8）式のパラメータ T_p が 6 列目である。これらの T_p のうち、最も高い値（130.9 ℃）となったのが下から 2 行目の W-501-2 という試験片であり、これがすべてのデータ点を包絡する曲線を与える。なお、この試験片は、そのチャージ名から溶接金属（weld）から採取したものと推定される。

しい（$\Delta T_0=\Delta T_{NDT}$）という前提で行われる。次の列は、そうして決められたデータ点（の座標）が下限となるように求めた（C8）式の T_p を示している。表の 9 つのデータの中でもっとも T_p が大きいのが 8 行目の $T_p=130.9$ ℃であり、この値を採用して下限包絡曲線とするという意味で最後の列に○印がついている。図 14.8 上に、この破壊靭性測定データ（75 ℃、95.0 MPa$\sqrt{m}$）をプロットし、22 ℃右方へずらすと、40 年目予測曲線上に乗ることが確認できる。なお、このデータは、第 4 回試験のものであり、そのチャージ名からすると溶接金属（weld）のデータと推察される。なお、当初開示されたのは、この $T_p=130.9$ ℃と○印だけで、それ以外は白抜きだった。

このデータ公開で分かったことは、予想通り、第 4 回の破壊靭性試験で想定以上の悪い結果が得られていたことである。照射量が高い新しいデータほど想定以上の低い破壊靭性値が観測されるということは、玄海原発 1 号炉や美浜原発 1・2 号炉でも同じ傾向だった。このことは、$\Delta T_{K_{IC}}=\Delta RT_{NDT}$ という仮定が成り立っていない（$\Delta T_{K_{IC}}>\Delta RT_{NDT}$ になっている）という筆者らの主張を裏付けるものであり、JEAC4206-2007 の規程に欠陥があることを示している。この規程では圧力容器の安全性を保証することはできない。

日本電気協会は、現在、JEAC4206-2007の改訂作業を進めており、その文案がパブリックコメントにかけられた。そういう欠陥を認識してかどうか、現行方式は大幅に変更されるようであるが、驚くことに、いわゆる専門家の中には現行規程すら「保守的に過ぎる」という意見があるようで、果たして安全に徹した改定案になるかどうか。筆者は、2015年に実施されたパブコメ募集に、現在問題になっている高浜原発1号炉など脆化が進んだ原発の評価が具体的にどうなるのかという事例を示すことで改定案の妥当性が検証できるという意見を提出したが、そのような解析・評価は未だになされていない。

文 献

[1] 九州電力：第10回高経年化意見聴取会資料6、2012.3.14
[2] 井野博満：原発の経年劣化—中性子照射脆化を中心に—. 金属、83巻2-4号、2013
[3] NUREG-1807 "Probabilistic Fracture Mechanics – Models、Parameters、and Uncertainty Treatment Used in FAVOR Version 04.1U.", p86, NRC
[4] 松原雅昭、岡村弘之：日本機械学会論文集A、53巻488号、pp.843-847、1987
[5] 飯井俊行：玄海1号機PTS解析試算. 第14回高経年化意見聴取会資料8、2012.5.9
[6] 鬼沢邦雄：第16回高経年化意見聴取会資料5、p.9、2012.6.6
[7] 関西電力、高浜原子力発電所1、2号機劣化状況報告（原子炉容器の中性子照射脆化）補足説明資料、2016年6月16日再提出の白抜き開示資料

Part 5

金属材料と原発の設計

► Chapter 15

15 章

原発の設計に求められる金属の強さ

原発の安全性あるいは危険性を議論するには、金属が構造材料としてどのように使われているかを知る必要がある。構造設計では、具体的な形状とサイズをもった構造物がどのような力を受け、使用する金属材料がそれに耐える特性をもっているかどうかがポイントになる。この章では、原発の設計に求められる金属の強さという観点から、原発の設計について考える。

15.1 構造物の破損モード

構造設計という観点からすると、金属材料の壊れ方は延性破壊か脆性破壊かという区分だけでなく、構造物の形状をふまえての破損モードを考える必要が生じる。破損モードには、今まで述べてきた延性破壊、クリープ、脆性破壊、金属疲労、腐食のほかに、座屈や塑性崩壊がある。なお、原発の使用温度（300 ℃前後）では、クリープ破損は考えなくてよい。

「座屈」とは、構造物を構成する部材の形状が細すぎたり薄すぎたりすると、縦方向に圧縮された場合に、横方向（力が作用する方向と 90° の方向）に変形が進行して破壊する現象である。バックリングともいう。図 15.1 に示すように横方向に変形を起こして折れ曲がる現象を指す。薄い鋼板でできた口径の大きいタンクなどで起こる心配がある。飲料缶を縦に押しつぶそうと力をかけると、くしゃくしゃと波状に凹みながら潰れる現象も座屈である。15.6 節(2) で事例に挙げる改良沸騰水型原子炉（ABWR）の再循環ポンプモーターケーシングの強度上問題になる破損モードも座屈である。

「塑性崩壊」は全域降伏ともよばれる。たとえば、矩形断面の棒に曲げ荷重を加

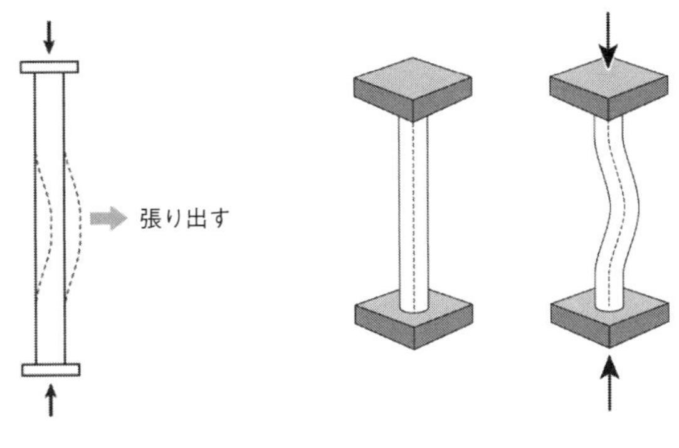

図 15.1　座屈の模式図

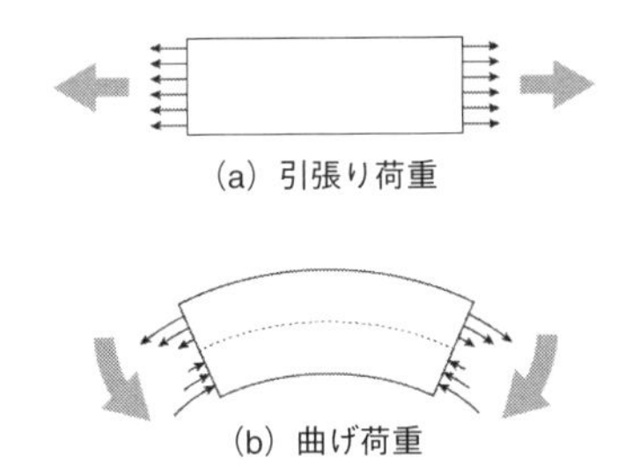

図 15.2　引張り荷重と曲げ荷重をかけた場合の応力分布

えていく場合を考える。図 15.2 に引張り荷重と曲げ荷重をかけた場合に断面に生じる応力の様子を模式的に示す。容易に想像がつくように、棒の片方の外皮（外表面）に最大の引張り応力（もう片方の外皮には最大の圧縮応力）が生じるので、荷重の大きさがあるレベルに達すると、まず外皮応力が降伏応力に達し、外皮が降伏する。その時点では棒の内部では降伏応力に達していない。さらに荷重を増やすと、それに伴って降伏領域が内側へ拡大し、ついには棒の断面全体にわたって降伏する（全域降伏）。

15.2　原発の重要構造物の設計

さて、構造設計は、使おうとする材料の応力-ひずみ曲線、あるいはその降伏強さ（降伏点）や引張り強さを念頭に置きながら行われる。図 15.3 に典型的な応力-ひずみ曲線を示す。引張り強さを S_u（u: ultimate)、降伏点（降伏強さ）を S_y（y:

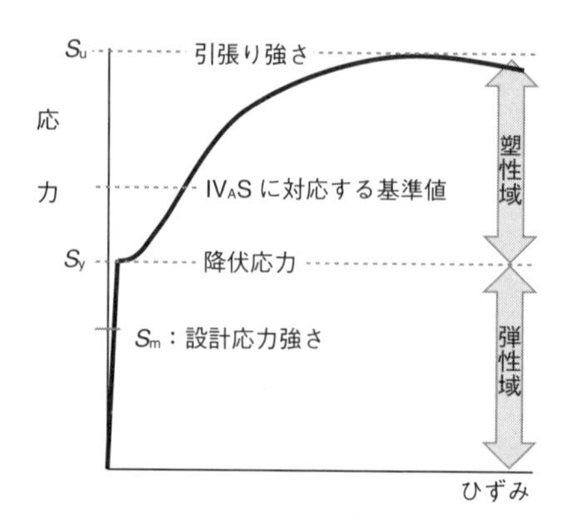

図 15.3 応力-ひずみ線図と設計許容値の関係

金属の応力-ひずみ曲線の概念図。降伏応力 S_y と引張り強さ S_u が材料特性の基本的指標。S_y と S_u の値は材料によりさまざまであるが、この図は $S_u/S_y=2$ として描いてある。設計は、設計応力強さ S_m を基準としてなされる。基準地震動レベルの地震と組み合わされる限界的な設計 IV_AS（後述の供用状態 D に対応）では、大きな塑性変形を許す設計がなされている。

yield）と記す。「引張り強さ S_u の 1/3 の値」および「降伏点 S_y の 2/3 の値」のうちで小さい方の値を「設計応力強さ」といい、S_m と記す。

上記（1/3)S_u と（2/3)S_y のどちらが小さくなるかは、材料における S_u と S_y の比による。一般に、面心立方晶であるオーステナイト系ステンレス鋼（SUS304 など）や高ニッケル合金では、体心立方晶であるフェライト系材料（低合金鋼など）にくらべて加工硬化の度合いが大きく、$S_u/S_y>2$ となる場合が多い。図 15.4 に、フェライト系材料である普通鋼の応力-ひずみ曲線の一例、図 15.5 に、オーステナイト系ステンレス鋼 SUS304 の応力-ひずみ曲線を示す。

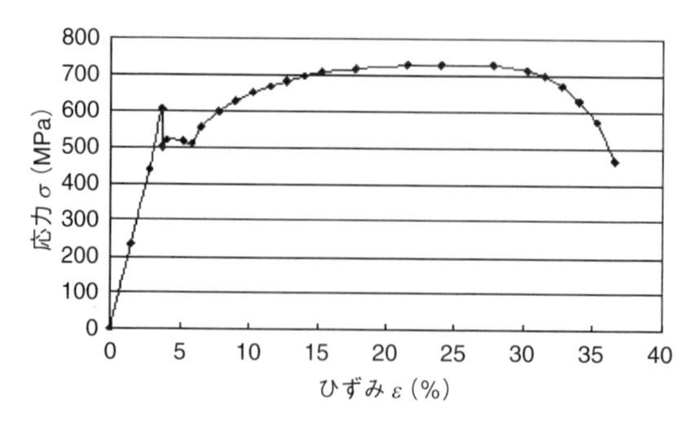

図 15.4 フェライト鋼の応力-ひずみ曲線の一例（炭素鋼）

[http://ms-laboratory.jp/zai/tensile/tensile.htm（付図 7)]

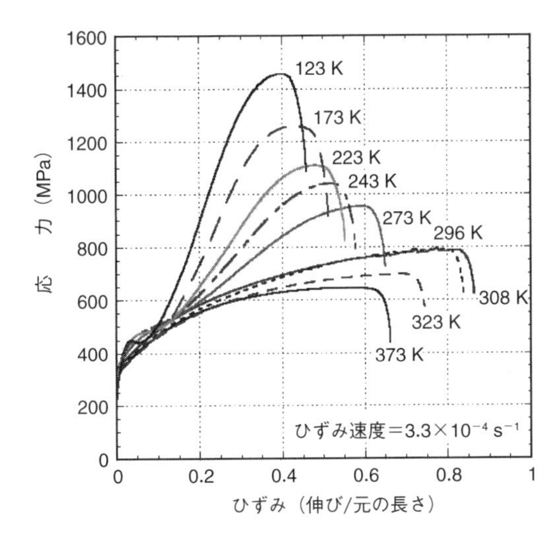

図 15.5　オーステナイト系ステンレス鋼の応力-ひずみ曲線の一例（SUS304）

さまざまな温度で測定した結果で、温度は絶対温度で示されている。273 K とあるのが 0 ℃での応力ひずみ曲線、296 K とあるのが常温（23 ℃）での結果である。
出典：N. Tsuchiya et al.: Stress-Induced Martensitic Transformation Behaviors at Various Temperatures and Their TRIP Effects in SUS304 Metastable Austenitic Stainless Steel, *ISIJ International*, 51 (2011), pp. 124-129

原発の原子炉建屋、格納容器、原子炉圧力容器、蒸気発生器、重要な配管や機器などの構造設計とはどのようなものか。これらの構造物は、地震動に限らず、内圧力、熱荷重、自重など、さまざまな荷重によって発生する応力に耐えるように設計されねばならない。想定される荷重のもとで、与えられた形状の構造物の各部位に、どのような応力とひずみが生じるかを計算するのは「材料力学」という研究分野である。その中身について本書では立ち入らない。

原発の構造設計でもっとも特徴的なことは、構造物に発生する応力を発生原因別に「一次応力」、「二次応力」、「ピーク応力」に分類していることである。一次応力とは、たとえば内圧力や地震荷重といった「外荷重」によって引き起こされる応力で、構造物の破損と直接関係する応力である。

構造物のある断面に発生している一次応力の平均値を「一次膜応力」(P_m、m: membrane)、発生応力と平均応力の差を「一次曲げ応力」(P_b、b: bending) という。ここでは、「膜」という用語が使われる由来には触れない。断面に一様な応力が発生している場合は、一次膜応力は引張り応力（あるいは圧縮応力）に等しい。

一次応力が構造物の破損と直接関係する応力であるのに対して、たとえば構造物内に温度差が存在するときに構造物各部に生じるいわゆる「熱応力」や、構造形状が大きく変化する部位に生じる「構造的不連続応力」など、構造物各部の自由変形が相互に拘束されることで生じる応力を二次応力という。この応力が一次応力に付加されると、構造物が塑性変形したり疲労破壊を起こしたりする可能性がある。ピーク応力とは、大域的な力のバランスではなく、構造物の端部や溶接部などのきわめて局所的な形状に依存する付加的な応力であり、とくに構造物の金属疲労破壊を引き起こす重要な因子になりうる（コラム参照）。

なお、疲労設計は、構造設計の重要な一部であるが、その方法や問題点については、11.2節(2) で述べた。

日本機械学会「設計・建設規格」では、機器を重要度に応じて区分している。また、供用状態（運転状態）を分類して、それぞれの状態に応じた設計を行うべきことを定めている（注1)。

日本機械学会「設計・建設規格」が定める供用状態を表15.1に示す。ここで、「供用状態A, B, C, D」において負荷される荷重は、それぞれ、告示501号における「運転状態Ⅰ、Ⅱ、Ⅲ、Ⅳ」において想定されている事態にほぼ対応していると解説されている。供用状態の分類は、事象の発生頻度に応じたものであり、それぞれに対し異なる要求を課している。供用状態A（運転状態Ⅰ）が通常運転状態

表 15.1　日本機械学会「設計・建設規格」に示されている原発の供用状態の分類

「設計条件」	対象とする機器等に設計仕様書等で規定された最高使用圧力および設計機械的荷重が負荷されている状態
「供用状態A」	対象とする機器等がその主たる機能を満たすべき運転状態において設計仕様書等で規定された圧力および機械的荷重が負荷された状態
「供用状態B」	対象とする機器等が損傷を受けることなく、健全性を維持しなければならないと規定された圧力および機械的荷重が負荷された状態
「供用状態C」	対象とする機器等が構造不連続部においては大変形を生じてもよいと規定された圧力および機械的荷重が負荷された状態
「供用状態D」	対象とする機器等が全断面にわたって大変形を生じてもよいと規定された圧力および機械的荷重が負荷された状態
「試験状態」	対象とする機器等に耐圧試験圧力が負荷されている状態

供用状態A, B, C, Dは、告示501号の運転状態Ⅰ、Ⅱ、Ⅲ、Ⅳにほぼ対応している。

（注1）　一次応力（膜応力 P_m、曲げ応力 P_b)、二次応力、ピーク応力のそれぞれについて、供用状態ごとに定められた「応力強さの限界」が与えられていて、それに基づいて設計を行う。2008年「設計・建設規格」では、圧力容器について、表PVB-3110-1が示されていて、たとえば、供用状態AとBでは、$P_m = S_m$ であるが、供用状態Cでは材料ごとに、$P_m = 1.2\ S_m$（オーステナイト系ステンレス鋼および高ニッケル合金)、$P_m = S_y$, $(2/3)S_u$（それ以外の材料)、供用状態Dでは、$P_m = 2.4\ S_m$（同上合金)、$P_m = (2/3)S_u$（それ以外の材料）と細かく規定されている。

コラム　ASMEの応力分類の考え方と日本での採用

こうした応力分類は、米国機械学会（American Society of Mechanical Engineering, ASME）が1963年に策定した事業用の原子炉容器の規格（ASME Boiler and Pressure Vessel Code Section III Nuclear Vessel）で初めて採用されたものである。それまでの構造設計は、経験にもとづく公式（formula）に拠って構造物の形状や寸法をきめる、Design By Formula あるいは Design by Rule という手法が使われていた。それに対して、この ASME Section III が登場してから、原発の構造設計では、コンピュータを使って一次応力、二次応力、ピーク応力を理論的に算出し、それらをいくつかの「運転状態」と組み合わせながら、いくつかの許容値で制限するという「解析による設計」（design by analysis、DBA）という手法が採用されることになった。詳細な解析を実施することによって機器をスリムにし、かつ、構成材料の品質管理を徹底することで安全率を3にまで抑え込んだ設計方法である。それ以前の設計基準（公式による設計）でのボイラーや化学プラントの安全率は4であった。

安全率とは、具体的には、引張強さ（破断応力）S_u と設計応力強さ S_m との比で、安全率3は $S_u/S_m=3$ となるように設計する。安全率は不確実さの程度を表しており、その値が大きければ大きいほど、構造物の設計には予測困難な不確実さが多く存在することを意味する。なお、破損モードが延性破壊でなく、他のモードである場合は、引張り強さの代わりにそのモードでの限界値を S_u として採用する。

日本では、1963年版の ASME Section III を翻訳したものが、ほぼそのまま、1970年に通産省「（旧）告示501号」として制定された。その7年の間、米国では Section III の改訂作業が2度行われ、1971年には大改訂がなされた。日本がそれを採り入れ、日本独自の知見も加えて制定したのが、米国に遅れること9年、1980年に公布された「（新）告示501号」（以下、（新）をとって表記）である。告示501号は、原子炉施設を構成する機器の材料や構造の仕様などを定めた規格であり、機器の機能や使用条件などの重要度に応じて機器を5段階に分類し、設備の運転状態に応じた規定を行っている。その後、国が打ち出した民間規格の活用という方針を受けて、日本機械学会は「発電用原子力設備規格 設計・建設規格」の策定と改訂を行い、2006年、国は告示501を廃止し、それに代わって機械学会の規格の採用を法的に義務づけた。

で、B, C, Dの順（Ⅱ、Ⅲ、Ⅳの順）に通常運転からの外れが大きくなってゆき、供用状態D（運転状態Ⅳ）は安全設計上異常な事態（例えば、1次冷却材喪失事故）であり、発生頻度はきわめて低いとされている。

機器の重要度分類や原発の供用状態に応じて対応を変えるという設計方針は、原発を設計する立場からは、合理的なものと考えられている。しかし、この考えは、重要でないとした設備やまれにしか起こらないとした運転状態に対しては、設計上の緩い制限しか課さないことを意味している。

15.3 原発の耐震設計

地震国日本に立地する原発では地震への対応は特別の重要性をもっている。どのような設計がなされるかは、原発の安全性の基本に関わる。この節では、原発の耐震設計が金属材料の強度特性とどのように関係しているかを考える。

耐震設計審査指針は2006年に大幅な改定が行われ、「発電用原子炉施設に関する耐震設計審査指針」（原子力安全委員会決定、平成18年9月19日。以下、新耐震指針）としてまとめられた。この改訂や翌年7月の中越沖地震での知見を踏まえて、日本電気協会は「原子力発電所耐震設計技術規程」JEAC4601-2008を制定した。さらに2011年の3・11東日本大震災を受けて基準地震動や基準津波の見直しが行われた。

新耐震指針では、基準地震動Ssは、「施設を使用している間に極めてまれではあるが発生する可能性があり、施設に大きな影響を与えるおそれがあると想定することが適切な地震動」のことであると定義されている。平たく言えば、基準地震動は、まれだが起こりうる最大規模の地震動のことである。その際、地震動としては、「敷地ごとに震源を特定して策定する地震動」と「震源を特定せず策定する地震動」の両方を想定し、それぞれ水平方向と鉛直方向の地震動を策定することを求めている。また、基準地震動Ssと密接に関連づけられる弾性設計用地震動Sdを新たに設定している。基準地震動Ssに対しては、弾性状態を超えての設計を許容していることを後の説明との関連で注目しておいてほしい。

基準地震動は、原発が立地する地面の下の仮想的な解放基盤面（注2）での揺れの大きさを示すもので、この「基準地震動」を、実際の地盤と建屋を質量・ばね・ダンパーなどの力学要素に置き換えてモデル化した「地盤・建屋連成モデル」に入力して建屋の床（階）ごとの時刻歴応答（床応答）を計算する。次に、それをもとに各階に設置されているタンクやポンプや配管などの多くは「床応答スペクトル

（注2）　解放基盤面とは、原発敷地の軟らかい地表層を仮想的にはぎ取った水平面のことで、基準地震動Ssはこの面での揺れの大きさとして定義される。一般に、地下深部から伝播してきた地震波は軟らかい地表層で増幅するので、その局所的な影響を除いて各地域の地震動を比較する。

法」というものを用いて発生応力を算出する。また原子炉格納容器、原子炉圧力容器、炉内構造物、大型の重要配管などは、地盤・建屋系と直接連成して動的解析を行い、各部位に発生する応力を求める。こうして求めた応力の大きさが構造設計上許される範囲の発生応力であるかどうかを調べる（注 3）。

新耐震指針では、耐震設計上の重要度に応じ、原発の各施設がSクラス（旧Asクラスと A クラスを統合）、B クラス、C クラスに分類されている。

S クラス施設は、「放射性物質を内蔵しているか又は内蔵している施設に直接関係しており、その機能そう失により放射性物質を外部に放散する可能性のあるもの、及びこれらの事態を防止するために必要なもの、ならびにこれらの事故発生の際に外部に放散される放射性物質による影響を低減させるために必要なものであって、その影響の大きいもの」とし、具体的施設としては、「原子炉冷却材圧力バウンダリー」を構成する機器・配管系、使用済燃料を貯蔵するための施設、原子炉の緊急停止のための施設、炉心から崩壊熱を除去するための施設、などを挙げている。

B クラス施設は、「上記（S クラスに比べての外部への放射性物質放散）において、影響の比較的小さいもの」とされ、C クラス施設は、「S クラス、B クラス以外で、一般産業施設と同等の安全性を保持すればよいもの」としている。そして、各クラス別に「地震力に耐えること」が規定されている。

以上が現在採用されている耐震設計の概要である。設計上許される応力は、どう与えられるのだろうか。

15.4　原発に安全余裕はあるのか――許容値の考え方

ここで、原発の設計には十分な安全余裕があるのかどうかという問題を考えてみよう。金属材料の応力－ひずみ曲線の概念図を図 15.3 に示したが、具体的な形や数値は材料に応じてさまざまに変わる。降伏点までは応力とひずみがほぼ比例する弾性変形をする。S クラス機器の構造設計は、前に述べたように、降伏点（S_y）の 2/3、あるいは引張り強さ（S_u）の 1/3 を設計応力強さ（S_m）とし、設計の基準としている。すなわち、安全率 3 で設計されていて、一次膜応力（引張り・圧縮応力）の大きさは、この値以下でなければならない。このように機器・設備を設計するな

（注 3）　もっとも本質的なことは、果たして基準地震動のような、言わば上限値を決めることが地震学などの自然科学ができるのかという問題である。「基準地震動は『科学的真理』などではなく、原発を造るための想定にすぎないという意見」が地震学者からも発せられている。なお、基準地震動は、原発を立地する事業者が決め、原子力規制委員会が認めることになっている。

らば、S_y の 2/3 程度の弾性範囲での設計であり、引張り強さの 1/3 程度の力しかかからないのだから、原発は十分な強度的余裕をもって設計されているのだなと思うであろう。

だが、この破断までの 3 倍という数値を安全余裕とみていいかというとそうではない。材料には製造時の溶接や施工に起因する目に見えない傷があるかもしれないし、材質にもばらつきがある。また、計算上、その部位にかかる応力は S_u の 1/3 以下かもしれないが、実際の構造物は複雑なので、計算で得られた発生応力にはなにがしかの誤差があると考えておかねばならない。しかも、そういうさまざまな要因によって生まれる不確実さがどの程度であるか、われわれが定量的に評価できないことを考えると、この S_u の 1/3、S_y の 2/3 という許容値は、安全余裕というものではなく、設計上欠かすことのできない「安全代（しろ）」と考えねばならない。

地震動の大きさとの組み合わせで注意しておくべきことは、基準地震動 Ss のような大きいけれどもごくまれにしか来ないであろうとされる地震に対しては、許容値の「割増し」が設計上許されているということである。弾性設計用地震動 Sd と組み合わされる供用状態 C（運転状態Ⅲ）に対しては降伏点 S_y まで、基準地震動 S_s と組み合わされる供用状態 D（運転状態Ⅳ）に対しては、塑性変形を引き起こすさらに大きな荷重をかけてよいという規定になっている。図 15.3 にはそのレベルを記入した。耐震設計基準における $Ⅳ_A$S という許容値は、図に示すように、S_y を超える塑性変形を許す設計基準値になっている（注 4)。

前記の 2006 年「新耐震指針」によれば、「S クラスの各施設は、基準地震動 Ss による地震力に対してその安全機能が保持できること。また、以下に示す弾性設計用地震動 Sd による地震力又は以下に示す静的地震力に耐えること」とある。ここで「安全機能が保持できる」という意味は、「構造物の相当部分が降伏し、塑性変形する場合でも、過大な変形、亀裂、破損等が生じ、その施設の機能に影響を及ぼすことがないこと」であると述べられている（同指針)。まさにぎりぎりの変形まで許すという設計である。来るか来ないかわからないまれな地震に対してはそういうぎりぎりの設計をしてもよいという設計思想である。前述したように、これは限られた資源（資材などの設計コスト）を有効に使うという原発をつくる立場からす

（注 4） 日本電気協会「原子力発電所耐震設計技術指針　許容応力編」JEAG 4601・補−1984 には、「第 2 章　耐震 As 及び A クラス機器の許容応力」において、第 1 種容器の設計条件 $Ⅳ_A$S に対する 1 次一般膜応力として「2/3Su。ただし、オーステナイト系ステンレス鋼及び高ニッケル合金については 2/3Su と 2.4Sm の小さい方」とされている。また、第 1 種管の設計条件 $Ⅳ_A$S に対する 1 次一般膜応力としては「2Sm」とされている。いずれも降伏点を大きく超える荷重を許した設計条件である。これらの規定は、日本機械学会規格 JSME S NC1-2005 や日本電気協会規格 JEAC4601-2012 にそのまま引き継がれている（表 15.1 参照)。

れば合理的な設計方針ということだろうが、原発をつくられる立場、事故による被害を受ける市民の立場からすれば安全性を軽視した設計思想だと言わざるをえない。

15.5 「三つの安全余裕論」は本当か

柏崎刈羽原発は、設定された基準地震動を大きく超えた中越沖地震によって3,270件にのぼる設備が損傷を受けた（図15.6）。しかし一方で、原発の停止、核燃料の冷却、放射性物質の閉じ込めは曲がりなりにもできて、福島第一原発のような過酷事故には至らなかったので、「原発には十分な安全余裕があるのだ」とも言われた。その典型が班目春樹東大教授である。班目は当時「中越沖地震における原子力施設に関する調査・対策委員会」委員長、3・11事故時は「原子力安全委員会」委員長だった。その主張では、

① 評価値（計算結果）と評価基準値（許容値）との間の余裕

② 設備が機能喪失する限界値と評価基準値との間の余裕

③ 評価値（計算結果）を計算する上で計算条件の設定等に持たされた余裕

という三つの安全余裕が原発にはあるという。直後の原子力学会で発表し、浜岡原

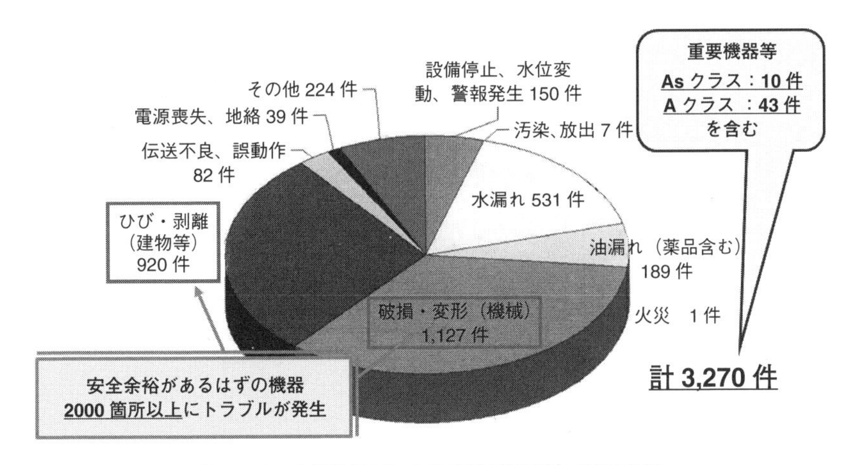

図 15.6　中越沖地震による柏崎刈羽原発の被害内訳

中越沖地震（2007年7月）における柏崎刈羽原発の被害件数と内訳。2008年1月までに判明した1号機から7号機の合計である。
大小3,270件の被害があり、その過半が材料の破損やひび割れなど、材料強度の不足が原因である。また、重要機器であるSクラス（AsクラスとAクラス）の被害が53件含まれている。（東京電力まとめ［2007年7月16日～2008年1月末］にもとづく）

（注5）この証言に対しては、田中三彦による的確な反論が同訴訟で陳述されている[1]。

発訴訟でも証言した（注 5）。この安全余裕論は今も使われていて、高浜原発 3，4 号機差止仮処分福井地裁異議審（2015 年）でも関西電力から主張されている[2]。

その主張が何を意味するのか、「安全余裕」というあやふやな言葉でなく、概念的に確立された量で明らかにしたのが図 15.7 である[3]。すなわち、機能喪失の限界値（u: ultimate）、評価基準値＝許容値（p: permissible）、評価値＝計算結果（c: calculated）、現実に発生する値（a: actual）を明示した。この図に示すように、上記①の余裕とは p−c、②の余裕とは u−p、③の余裕とは c−a を意味している。これら「三つの余裕論」をどう考えるべきか。

＜②の余裕とされる u−p について＞

u−p という差は、材質や寸法のばらつき、溶接や施工、保守管理の良否といった不確実要素に備える必要上不可欠なものであって、これを「余裕」というべきではない。とくに、塑性変形を許す限界的な設計（$\mathrm{IV_AS}$）については、許容値 p が割増し（水増し）されていて、不確実要素をカバーするための安全代が削られている。

具体的にいうと、図 15.7 に概念的に示されている評価基準値（許容値）p は、一通りではなく、$(2/3)S_y$ を採用する通常設計、弾性設計ぎりぎりの S_y を採用する $\mathrm{III_AS}$、塑性変形を許す限界的な値 $(2/3)S_u$ を採用する $\mathrm{IV_AS}$ とがある。$\mathrm{IV_AS}$ は、「供用状態 D」（表 15.1）に対応するもので、大規模破損には至らないというぎりぎりの条件として設定されている。しかし、「大規模破損には至らないというぎりぎりの条件」がどの応力レベルなのか、前もって知る由もない。

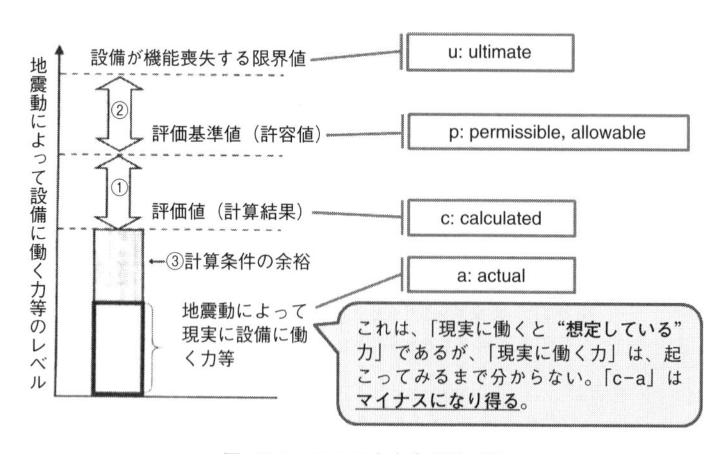

図 15.7　三つの安全余裕論図解

この図に示した三つの安全余裕 ① ② ③ が何を意味するのか、本文に詳述した。

＜①の余裕とされる p−c について＞

設計では、この差がマイナスにならないように十分注意されている。しかし、計算は複雑な実物を単純なモデルに置き換えて行うのであるから、なにがしかの誤差は避けられない。その部分の誤差の大きさは経験上、あるいは実物模型を用いた試験上どの程度かはある程度見当がつくが、正確には知ることができない量である。p と c に大きな差があるような設計ではコストを節約できず、余分な贅肉を削れない技術者は無能だとされてしまう。この①は主として計算値 c に関わるものである。

＜③の余裕とされる c−a について＞

計算の際、「減衰定数」を下限値にとったり、「スペクトル拡幅」で振動数のずれが問題にならないようにしたりして、保守的に c が大きめの数値が出るようにしているといわれる。しかし、それは地震という自然現象の多様さ・不確定さ（地震動の大きさ、スペクトル形状、持続時間など）、設備側の弾塑性解析の不確実さなどを考慮すれば、当然行うべき備えであり、「余裕」などとはいえない。現に、過去10年間に基準地震動そのものが複数回（5回以上）凌駕された事例に鑑みれば、保守的とされる計算条件の設定が、十分だったとはいえない。さらに10万年もしくは1万年に一度というような巨大な地震動に際しては、u をも飛び越える可能性があり、現実に発生するであろう応力 a の推定には大きな誤差を伴う。

15.6　耐震偽装実例

(1)　美浜原発3号機蒸気発生器伝熱管の許容値偽装

1976年12月1日運転開始の美浜原発3号機は、高浜原発1号機、2号機に続いて、40年を超える運転を認められた古い原発である。この原発の蒸気発生器伝熱管の発生応力（引張り応力＋曲げ応力）は、527 MPa と計算されている。伝熱管の許容値（評価基準値）は、美浜原発3号機の運転延長にともなう設置変更許可の際に提出された工事計画認可申請書によれば539 MPa であり、ぎりぎり収まっているように見える。ところが、この許容値は、意図的に古い規程を使って計算した偽装数値というべきものであることがわかった。

前述したように、曲げ荷重がかかった場合には塑性崩壊（全域降伏）を起こす応力まで構造部材は塑性変形を起こさないことになり、その場合の降伏条件は、降伏応力に形状係数 α を掛けたものになる。形状係数とは、塑性崩壊に至る限界値と降伏応力の比である。この α の値は、断面形状によって変わる。矩形断面では α＝

1.5である。丸棒であれば、周辺部より力がかからない中心部の割合が矩形断面より大きいので、塑性崩壊に至る限界は降伏点の1.5倍よりさらに大きくなる。一方、薄肉中空の管の場合は、周辺部の割合が多く1.5倍より小さくなる。その値は肉厚と太さの比によって決まる。このαの算出方法は式で与えられていて（注6）、美浜3号機の伝熱細管の外径22.2 mmと肉厚1.3 mmを入れて計算すると約1.34となる。

さて、基準地震動Ssに対する$\mathrm{IV_AS}$許容値は、引張り荷重に対しては$(2/3)S_u$まで引き上げられている。曲げ荷重に対しては、降伏応力と塑性崩壊の応力の関係と同様に、$(2/3)S_u$にαをかけた値を許容値としている（表15.2）。Ssに対応する一次膜応力（引張り応力）の許容値は359 MPaであり、曲げ応力が加わった場合の許容値は481 MPa（＝1.34×359 MPa）となる。

では、539 MPaという許容値はどうして出てきたのか？ これは、引張り荷重の場合の許容値359 MPaに1.5を掛けた数値である。これは矩形断面での数値であり、過大評価である。なぜこんな数値が使われたかというと、同じ日本電気協会の古い規程JEAG4601・補−1984には、形状係数として矩形断面と同じ1.5を使ってよいとなっていて（表15.2）、それを持ち出してきたのである。関西電力は、知らないでこんな古い規程を引っ張り出したのではない。高浜原発1号機、2号機、さらには、美浜原発3号機のほかの部位の評価には形状係数をαとした新しい規程を適用している。この許容値だと、伝熱管の発生応力がそれを超えてしまうので古い規程を使ったことは明らかである。耐震偽装と言わざるをえない。

国会（衆議院原子力問題調査特別委員会）でこの問題を追及された原子力規制委

表 15.2　基準地震動に対する許容応力の定め方（クラス1容器、高ニッケル合金の場合）

規格／指針等の名称	1次一般膜応力の許容応力	1次膜応力+1次曲げ応力の許容応力
① JEAG 4601・補−1984	$2/3S_u$と$2.4S_m$の小さい方。 ここで、 S_u: 設計引張り強さ S_m: 設計応力強さ	左欄の1.5倍の値
② JSME S NC1−2005 ② JEAC4601−2008 ④ JEAC4601−2012		左欄のα倍の値

基準地震動に対する許容応力の定め方を示すもので、曲げ荷重が加わった場合の係数が問題である。旧規程では1.5倍としていたものが、新しい規程ではα倍としていることに注意。αは管状断面形状では1.5より小さくなる、すなわち、旧規程は許容値を過大に見積もっている。なお、蒸気発生器はクラス1容器、伝熱管材料のインコネル690合金は高ニッケル合金に属する。

（注6） 日本機械学会「設計・建設規格　解説 PVB-3111」には、管状断面形状の場合について、
$\alpha = 32(1-Y^2)/6\pi(1-Y^4)$,
ただし、$Y=d_i/d_o$,（d_i: 管の内径、d_o: 管の外径）
という式が示されている。

員会は、どちらの規程を使うかは事業者の判断であり、古い規程を使ってはならないということはないと無責任な答弁を行った。JEAC は Japan Electric Association Code の略であり、JEAG は Japan Electric Association Guide の略である。1984 年の規程は古いだけでなく、コード（Code）にくらべ低位のガイド（Guide）であり、それで良しとするのはあまりにも事業者に甘い態度ではなかろうか。

美浜原発 3 号機の基準地震動は、当初の 405 ガルから現在 993 ガルに引き上げられている。関西電力は 750 ガルで設置変更許可申請をしていたが、原子力規制委員会での審議を経て引き上げられた（前掲表 11.1）。基準地震動が当初の想定の 2.5 倍近くに引き上げられたにもかかわらず、蒸気発生器を設計変更するなどの選択をせずに使い続けようとすることに無理が生じている。美浜原発は、2 号機でまさに伝熱管がギロチン破断して、一次冷却水が喪失し ECCS が稼働するという大事故を起こしており（1991 年）、このような脆弱な蒸気発生器を抱えたまま再稼働に進むことに危惧を感じる。

このセクションの記述は、滝谷紘一による論考[4]に負うところが大きい。

(2)　柏崎刈羽原発 7 号機での耐震偽装

次に、発生応力の計算方法を変えて許容値以内に抑え込もうとした耐震偽装が東京電力柏崎刈羽原発 7 号機の耐震安全性評価において行われた。それは、再循環ポンプのモーターケーシングの減衰定数を、設計時に採用していた規格で定められた値である 1% から 3% に変えて計算するという姑息なテクニックである。減衰定数とは、地震などの揺れがどのくらい早く減衰するかを示す指標であり、減衰定数が大きければ減衰は早くなり、発生応力は小さくなる（注 7）。

柏崎刈羽原発 7 号機は、改良沸騰水型原子炉（ABWR）と呼ばれるもので、BWR の弱点である再循環系配管の代わりに容器内部に再循環ポンプを設置し（それゆえ、インターナルポンプとも呼ばれる）、圧力容器の下方にぶら下がっている広口びん形状のモーターケーシングに収められている。図 15.8 に再循環ポンプとそのモーターケーシングを示す。モーターケーシングの首に、70 気圧の内圧によ

（注 7）　減衰のある自由振動の運動方程式の解

$$x=x_0\exp[-h\omega t]\cos(\omega(1-h^2)^{1/2}t+\phi)$$

に現れる h を減衰定数という。ω は振動数である。この式で示される運動の変位（振幅）x は、$h>1$ ならば、非周期的な減衰、$h<1$ ならば周期的な減衰になる。減衰の様子を直観的に示す量として 1 回の振動の前後での振幅の比で表す対数減衰率 δ も使われ、$\delta=2\pi h$（h が小さいとき）の関係がある。後述の再循環ポンプのモーターケーシングの減衰定数は、1% か 3% かで論争になった。ずいぶん小さな減衰かという印象を受けるが、対数減衰率で考えると約 6% か 19% かに相当し、かなり速い減衰を想定している。

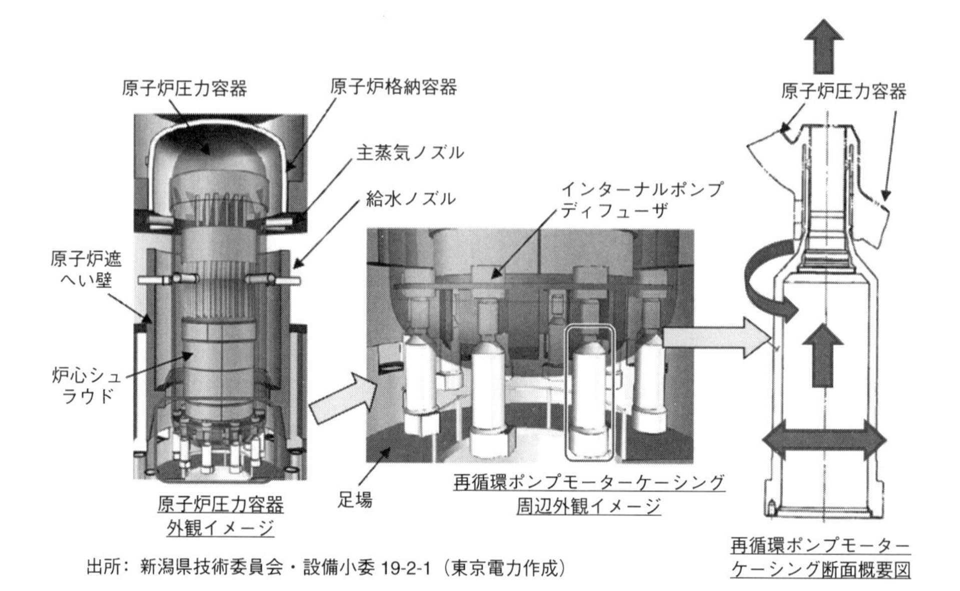

図 15.8　ABWR の再循環ポンプとモーターケーシング

改良沸騰水型原子炉（advanced boiling water reactor: ABWR）では、圧力容器下部に取り付けられている再循環ポンプによって炉水の攪拌を行っている。図は、再循環ポンプを収めているモーターケーシングの位置と形状を示す。右図に示すように、内圧による圧縮と地震動による曲げ応力が重なって座屈が起る危険性がある。

る圧縮応力に加えて地震動で揺さぶられての曲げ応力が働き限界値を超えると、ひしゃげて座屈を起すおそれがある。

2007 年の中越沖地震で被災した柏崎刈羽原発について、東京電力は、損傷が比較的少なかった 7 号機の再稼働を先行して進めた。そのなかで、新潟県技術委員会の「設備健全性・耐震安全性小委員会」で再循環ポンプモーターケーシングの耐震安全性に疑問が出された。

東京電力は、基準地震動 Ss（解放基盤上で 1209 ガル、7 号機基礎版上の応答 738 ガル）での発生応力を、減衰定数 1% を使って計算し、195 MPa となり基準値 207 MPa 以下であるとした。しかし、その後、耐震強化工事用地震動（基礎版上で 1,000 ガル）での安全確認を求められ、減衰定数 3% を用い基準値以下に収まったとした。基準地震動での評価では余裕を見て 1% を使ったが、設計時の 3% に戻したという（虚偽の）説明がなされた（表 15.3）。

設計時には減衰定数 3% を使ったというのは本当か？ 東京電力は設計（設備工事認可計算書）のときから減衰定数 3% で評価を行っていると説明し、発生応力の評価値は S1 地震動（300 ガル）で 106 MPa、S2 地震動（450 ガル）で 142 MPa だっ

表 15.3　柏崎刈羽原発 7 号機再循環ポンプモーターケーシングの減衰定数の怪

	応答値（発生応力）		許容基準値
	減衰 3%	減衰 1% JEAG4601 記載の機器装置の値	
耐震安全性評価（Ss） （基礎版上で 738 ガル）	183 MPa	195 MPa	207 MPa
耐震強化工事用地震動 （基礎版上で 1000 ガル） に基づく評価結果	190 MPa	✕ 240 MPa	

表は、東京電力が新潟県の設備小委員会に提出したモーターケーシングの軸圧縮応力の値である。減衰定数を 1%にすると、耐震強化工事用地震動で許容値を大きく超えてしまう。

たとした。しかし、これらの数値が中越沖地震の 613 ガルを用いた設備健全性評価値 105 MPa にくらべて大きすぎることから、3%で解析したという説明は虚偽で、実際は 1%で計算したのではないのかという疑惑が生じ、委員会で追及がなされた。設備健全性評価で用いた減衰定数は、揺れの大きかった東西方向で 3%、小さかった南北方向で 1%（根拠にない恣意的な数値）で、両者を合わせると、東西方向の影響が支配的なので、実質は 3%に近いものだった。また、減衰定数の規格表である JEAC4601 付表の数値（1%）と異なる値を使ってよいという確たる実験的根拠もなかった。

なお、減衰定数の問題からは離れるが、解放基盤面上での 1209 ガルの地震波が、それより浅い基礎版上で 738 ガルに減衰するとする東京電力の説明は無理がある。通常は、柔らかい地盤では地震波が増幅するというのが通常の考え方である。この主張は、現在（2017 年の適合性審査申請）でも変えていない[5]。

15.7　原発の設計思想批判

ここで、原発の設計思想を論じる上で重要な福井地裁の大飯原発差止判決について考察する。判決は、外部電源や主給水ポンプの脆弱さを安全上重大な欠陥として指摘した。それに対して、被告の関西電力は、基準地震動 Ss に対して耐震性を有する「安全上重要な設備」のみで「止める、冷やす、閉じ込める」を行うことができ、危険な状態になることはないと主張する[6]。

主給水ポンプや外部電源が壊れても、安全性は確保できるというのが控訴理由書の主張であるが、そのためには、ストレステストなどで使われているイベントツリー（event tree、時間を追って起こる事象の系統樹）で示されているようなさまざまな対策が確実に働くことが必要である。しかし、福井判決が述べるように、それらの対策が万全である保証はなく、また、あらゆる事故シーケンスに対応できるようにイベントツリーを策定することは事実上不可能である。「基準地震動 Ss 以下の地震で外部電源が喪失する可能性があることは設計の不備である」と判決は指摘した。

そのような不確実性を伴う事故対策に頼るのでなく、外部電源や主給水ポンプを（基準地震動 Ss で壊れないような）耐震Ｓクラスになぜしないのか、なぜできないのか、という疑問・批判は、普通の市民感覚からすれば、まっとうなものである。原子力分野の考え方に染まっていない他分野の専門家にとっても、頷ける発想である。

それは、しかし、「既存の原発設計思想」とは真っ向から対立する。なぜならば、外部電源や主給水ポンプを耐震クラスＳに引き上げることは、それに関わる系統、すなわち、原発敷地内外へ拡がっている系統のすべてをＳクラスにせねばならず、コスト的にも負担が大きく、技術的にも容易ではないからである。しかし、福井地裁判決の主張からすれば、コストがかかり技術的に難しくてもやるべきだという結論に導かれる。そういう発想は、原発をつくる側の人間からは出てこない。まさに、つくられる側、原発によって被災するかもしれない人びとの立場を重視した発想である。それを正面からぶつけ、原発の設計思想をより広い立場から見直し、脱原発の国民多数意見にも整合する司法（法曹界）の判断を示したことに、大飯差止判決の意義がある。この判決が、今後、司法の流れになるかどうか予断を許さないが、この画期的判決は、司法を変え、原発の見方を変えてゆく大きな力になると期待される[7]。

本章の議論から導かれる原発の設計思想の問題点は、次の２点に集約できる。

① 原発の設備・機器を、「安全上重要な設備」（耐震Ｓクラス機器）とそれ以外の機器とに分け、前者のみで「止める、冷やす、閉じ込める」を行うことができるとしていること（15.7 節）。

② 重要度分類の最上位にある機器においても、発生頻度の低い「安全設計上異常な事態」への対応としては、大きな塑性変形を許容するきわめて緩い設計基準でよいとして「許容応力の割り増し」が認められていること（15.3 節～15.5 節）。

これらの事実は、原発が安全の視点から十分な余裕をもって設計されているのではなく、むしろ逆に、緊急時（安全設計上異常な事態）には安全確保の守備範囲を限定したぎりぎりの設計を行っていることを示している。原発においても、通常の技術と同じく、経済性（コスト）が大前提であることを、この設計思想がはっきり体現している。

原発の設計や運転、その是非は、今までのようにつくる側の立場に囚われた考え方ではなく、「社会にとって技術はいかにあるべきか」という専門を超えた考察に立脚して判断されねばならない。今はそういう時期にあると思う。

文 献

[1] 田中三彦、陳述書（2）、静岡地裁、2007年5月10日

[2] 福井地裁高浜原発3・4号機　異議審　関西電力主張書面（1）、第3、各論（2）イ 耐震安全性確保の考え方、p.24～、平成27年5月15日

[3] 筒井哲郎、後藤政志、井野博満、川井康郎、「耐震安全余裕に関する意見書」、高浜原発3・4号機差止仮処分福井地裁異義審、2016年10月

[4] 滝谷紘一：美浜3号機蒸気発生器に耐震評価不正の疑い．科学、87巻2号、pp.192-196、2017

[5] 伊東良徳：免震重要棟問題で発覚した柏崎刈羽原発の重大事故対策の欠陥．原子力資料情報室通信、519号、pp.10-14、2017

[6] 福井地裁大飯原発控訴審　関西電力控訴理由書　第3　各論　1.(2).原子力発電所における耐震安全性確保の考え方と「安全上重要な設備」について、p.22～、平成25年7月11日

[7] 井野博満：原発の設計思想を問う．科学、85巻4号、pp.414-418、2015

執筆を終えて――新潟県小委の経験を糧として

小岩昌宏

“はじめに”で山口幸夫さんが述べているように、公開研究会「原発はなぜ老朽化するのか」がきっかけでこの本が生まれた。この研究会で強調したことは

金属は結晶である　金属は生きている　金属は老化する

という3点であった。このことを丁寧に解説したのが本書である。その構成、執筆分担などについては、井野さんに譲る。

京都大学を定年退職して数年後に、中越沖地震後の柏崎刈羽原発の運転再開を議論する新潟県の原子力発電関連小委員会の委員を引き受けた。この小委員会は、2008年3月から、2011年3月までの間に51回開催された（3.11東日本大震災の後、開店休業状態にある）。その委員会の前夜には、原子力資料情報室のスタッフほか数名の専門家と会議資料を検討し、疑問点を質す準備をして委員会に臨んだ。傍聴する地元住民から提起される疑問も取り上げる道を開いた。従来の多くの審議会におけるおざなりな質疑の弊を排して、実質的な議論を行う委員会の在り方は、「新潟方式」と呼ばれ注目を集めた。なお、この委員会での経験は“巨大地震を経験した原発は健全か？――新潟県の関係小委員会の議論を振り返る――”と題する文章にまとめた（科学、82巻9号、2012）。

新潟県の委員会出席を契機に、原子力安全・保安院（当時）、原子力規制委員会の各種会合の動向に注目するようになった。その過程で、原子炉圧力容器の脆化予測に関する規格が立脚する論文は、基本式に致命的な誤りがあることに気づいた。その詳細は13章に述べた。“次元が異なる量を加えることはできない”（面積＋体積　はあり得ない！）という禁則を犯した式から導いた予測は議論に値しない。誤りを指摘されても強弁する電力中央研究所および日本電気協会、それを黙認する原子力規制委員会・・・　「原子力村」は強固に存在するのだ。

裸の王様が闊歩する現況はどうしたら打開できるか？　疑問は率直にぶつけ、納得できるまで追求し、いい加減に妥協しない姿勢である。基本的なことを正確に理解することが初めの第一歩である。本書がその一助になることを願っている。

執筆を終えて──本書に込めた気持ち

井野博満

この本のサブタイトルは、「金属の基本から考える」である。目次を眺めると、特に前半は、金属学の教科書とあまり変わらないように見えるかもしれない。しかし、私たちは、金属学の基礎を「解説する」のではなく、「読者とともに考える」素材を提供するつもりで執筆した。原発の安全性・危険性について、専門家を含む市民とともに考えたいのである。本文を読んでいただければ、その意図は理解していただけると思う。

原発の安全性・危険性については、地震や津波・火山などの問題、放射能汚染と住民被ばくの問題、など多方面の課題がある。そのなかで、本書は、原発の設備・機器がもつ危険性とそれに関わる金属材料の劣化事象や脆弱性について、基本から考えることを目的としている。

専門に関わる知識を市民が理解し共有するためには、専門的知識を持つ側が、その分野では当たり前の言葉遣いや考え方を、市民が理解できる言葉で表現し、説明する姿勢が求められる。粗原稿を読んでくださったあるモニターの方からは、「やっと原稿を読んだ、私には難しかった」というとまどい、別の方がたからは、「すべての読者に読んでほしい本文、くわしく知りたい人向けの専門的説明、気軽に読める余話に分けて記述する」、「本文には可能な限り数式は使わない、数式も記号だけでなく日本語で記述する」、「元素名は、記号（U）だけでなく、ウラン（U）と書く」などの貴重なコメントをいただいた。

それらの示唆を受け、読みやすい構成に再編成し、中学・高校レベルの理科の知識をベースとして、日常的な用語でていねいに叙述することを心掛けた。いわゆる専門書に比べれば、ずっと読みやすくなったと自負している。

あるモニターの方（大学で金属学を学んだ方）からは、「分かりやすく書くことがそもそも無理な分野です」というあきらめともなぐさめともとれる言葉に続いて、「かつて、朝永振一郎先生が相対性理論を長屋の八っつぁん熊さんに説明できないと答えたという話しと同じです」というご意見をいただいた。

まてよ、そうかな？　確かに、細かい専門的な話は、その分野になじみのない人には理解困難かもしれない。しかし、金属学は日常的な現象に基礎を置いていて、相対性理論のような抽象度が高い分野ではない。まして、この本の読者は、バックグラウンドはさまざまであっても、けっして落語に出てくる江戸時代の長屋の住人ではない。専門家と市民のギャップを埋めるのは難しいことだが、科学を専門家の独占から解放するために、それは社会的に求められていることなのだ。

原子力資料情報室の創立者の一人であり、その活動の中心であった高木仁三郎は、「市民科学」を提唱しその実践に全力を傾けた。その根本にある思想は何だったのか。「専門家が市民とともに、市民目線で創る科学」というコンセプトが根幹にあったと思う。専門家という立場に固執して市民運動に関わるのでなく、市民と同じ立場に立ち、そのなかで自分の専門的知識を生かす活動をする、そういう市民科学の創造をめざしたと私は理解している。

「市民科学」といっても、専門家の手になる科学と全く別物ということはありえない。そうではなくて専門家集団が独占してきた知識や方法を市民の手が届くように解放し、その内容を批判的に再構成することが市民科学の要諦だろうと思う。すなわち、専門家集団がその知識を独占する過程で、その立場性（企業や国家に雇われているという制約）を反映して色に染まってしまった科学や技術を、脱色して市民の立場から染め直す、そういう作業を通じて市民科学は形を成してゆくと思う。無色透明、客観的・中立的な科学や技術は存在しない。

誤解のないように付け加えるが、「市民の立場から染め直す」とは、ある特別の立場に偏向した科学をつくろうということではない。市民とは、この場合、特定の都市住民を意味するのではなく、広く市民社会を構成する人々の総体を指すのであって、その立場とは、特定の利益集団の立場とは対極にあって、社会的に公正な価値基準に基づいて判断することに他ならない。

高木の市民科学の着想は、本人も書いているように[1]、直接的には、梅林宏道や山口幸夫らが創刊した同人誌『ぷろじぇ』[2]の活動に触発されたものであり、より広くは、1960年代から70年代へかけての大学闘争や反公害運動が提起した根底的な問いに答えようとするなかから生まれた。その問いとは、「科学や技術は何のため、誰のためのものか、そのなかで科学者や技術者という専門家はどういう役割を果たしているのか」という問いである。同時代を生きた私もまた、この問いを共有する。残念なことは、少なくとも日本においては、その問いが社会に広く浸透せず、今もってその答えが宙に浮いていることである。

私は、2011年の3・11福島原発事故の後に原子力安全・保安院に設置された「高経年化意見聴取会」と「ストレステスト意見聴取会」に委員として参加した。保安院のお役人や推進の立場の学者たちと意見を交わすなかで、一見したところ客観的な事実関係をめぐる技術的論争のように見えることが、実は、その人の立場や思想を反映した主観的なものであることを身をもって経験した。

これらのことから帰結されることは、正しい認識や適切な技術的判断というのは、単にくわしい解析を行ったり、精密な測定を行ったりすることだけから得られるのではなく、それらの事実をどう見るかというその人の考え方に依存していること、ある偏った立場（例えば、原発事業者の利害を重視する立場）からは生まれないということである。そういう立場に固執すると、事実がゆがめられて解釈されるという事態が起こる[3]。

本書の後半には、原発の技術的問題を論じるなかで、私たち2人が経験した日本電気協会や原子力規制委員会とのやり取りを背景とした議論が盛り込まれている(13章など)。その技術規程の作成者の具体的な名前を明記し、原子力規制委員会審査会合での議論を具体名を挙げて批判を加えた。技術の問題を考えるにあたって、誰がどういう立場でその実現を図ったのか、という問題は、現実化した技術や規程そのものと切り離せない問題と考えるからである。このことは、「市民科学」が答えようとしている問い、すなわち、「科学者や技術者という専門家はどういう役割を果たしているのか」に関わる問題である。原発をめぐる専門家の役割を明らかにし、市民目線で批判するという論争の構図は、「市民科学」を作り上げてゆく実践の場に必要なことであろう。

「市民科学」というものがあるならば、個別専門分野ごとに、「市民原子力学」、「市民地震学」、「市民機械工学」、「市民金属学」・・・あるいは、その発展形態の学問があってしかるべきであろう。既成の科学・技術に対する優れた総論的批判の書はいくつか書かれてきた[4]。しかし、個別分野での市民科学の試みは、高木の著作やいくつかの研究レポート（高木学校の取り組みや高木基金がサポートした研究など）以外に、まとまったものはない。

本書の執筆に当たっては、多少なりとも、市民科学を目標にするという気持ちがあった。本書には、金属学の専門家である著者2人に加えて、専門を超えた広い立場から編集作業に当たっていただいた山口幸夫、湯浅欽史、谷村暢子の批判や評価(書くに値する内容かどうか、など）が盛り込まれている。そういう共同作業になったことは、多少その意図に近づいたとは思う。前述したように原子力資料情報室会員のモニターから貴重な意見をいただいたことも大きな助けになった。市民の目線で読み、コメントを寄せていただいたからである。

本書は、小岩と井野の共同執筆であり、分担執筆ではない。とはいえ、主に担当した章（第1稿作成の章）を明示しておくと、1章から7章までと13章は小岩、

12 章、14 章、15 章は井野、残りの 8 章から 11 章は二人の原稿が交差しあってでき上った。15 章は、金属プロパーの話を超えて設計に関わるテーマであり、田中三彦さんのご助言・ご協力なしには完成しなかった。厚く御礼申し上げる。とはいえ、この章の内容は、筆者には専門外の分野であり、非力ゆえの誤りが多々あることをおそれる。義家敏正さん、上澤千尋さん、藤原晶彦さん、青野雄太さんにも多々ご教示いただいた。あわせて御礼申し上げたい。

参 考 文 献

［1］ 高木仁三郎:『市民の科学をめざして』、朝日選書、1999、高木仁三郎著作集 9 巻所収

［2］ 同人誌『ぷろじぇ』、1969 年創刊

［3］ 井野博満:「脱原発の技術思想」、『世界』、2017 年 2 月号、pp.188-200

［4］ 例えば、柴谷篤弘:『反科学論』、みすず書房、1973、や、梅林宏道:『抵抗の科学技術』、技術と人間、1980、など

あとがき

この本の読者を想定したとき、専門家だけでも、学生だけでもなく、原発の問題に関心のある全ての住民へという意見がありました。全ての住民が読者ならば、その知識の背景はそれぞれ違っていて、とくに金属の基礎知識など広く知られているのでもない。しかし、やさしく書けばその分、ページをとられて、専門性の高い人が欲しい情報が不足する。そうであればこの本が役に立つ機会が減ってしまう。

そのジレンマの中で、理系の専門知識がありつつも金属についてはほとんど知らない状態でわたしは編集作業を担当しました。それがかえって良かったように思います。わたしにとって分らないことは、手に取ってくださった読者の大半にとって分らないことだと思われます。著者のお二人に疑問点を一つ一つ質問し、何か所も文章を書きかえていただきました。また、原子力資料情報室の会員に呼びかけ、数名のモニターから有益なご意見を頂戴しました。本書の後半には、専門性の高い混みいった内容が記述されていますが、現実的な原発の問題に直面した時に役に立つとの著者の熱意から執筆・掲載したものです。

本書を読むと、直接内部を見たことのない巨大な構造物である原発も、ふだん使っているような金属でできていることがわかり、原発を身近に感ずることができます。知識を身につければつけるほど、なるほど原発は壊れうる危険なものだということが実感できます。

老朽化した原発の問題は、これからどんどん注目を浴びることでしょう。本書が、この問題に関心のある多くの人々のよき相棒になることを願っています。

最後に、日本ハイコムの弘中文雄さん、アグネ技術センターのみなさま、井野未央子さんのご尽力に感謝します。ともに編集に携わってくださった山口幸夫さん、湯浅欽史さん、当室のスタッフのみなさん、どうもありがとうございました。

2018 年 2 月

谷村暢子（原子力資料情報室）

索　　引

欧文は末尾にまとめた

＜著者略歴＞

小岩　昌宏（こいわ　まさひろ）

1936年　名古屋市に生まれる。

東京大学工学部冶金学科卒、同大学院博士課程修了、工学博士。東北大学金属材料研究所（原子炉材料金相学部門）勤務を経て、京都大学工学部教授（材料工学専攻）。現在、京都大学名誉教授。

2008年から新潟県原子力発電所の安全管理に関する技術委員会 設備健全性、耐震安全性に関する小委員会委員。

著訳書

「ものの強さの秘密—材料強度学入門」（J. W. Martin 著，共訳）（共立出版）、「赤外線加熱工学ハンドブック」（監修）（アグネ技術センター）、「金属学プロムナード—セレンディピティを追って」（アグネ技術センター）、「激動の世紀を生きて—あるユダヤ系科学者の回想」（R. W. Cahn 著，翻訳）（アグネ技術センター）、「材料における拡散　格子上のランダム・ウォーク」（共著）（内田老鶴圃）

井野　博満（いの　ひろみつ）

1938年　東京都に生まれる。

東京大学工学部応用物理学科卒、同大学院博士課程修了、工学博士。大阪大学基礎工学部、東京大学生産技術研究所を経て、同工学部教授、法政大学工学部教授。現在、東京大学名誉教授。

2007年から柏崎刈羽原発の閉鎖を訴える科学者・技術者の会代表。2011年～2012年経産省原子力安全・保安院高経年化意見聴取会、ストレステスト意見聴取会委員。2013年から原子力市民委員会委員、アドバイザー。

著書

「現代技術と労働の思想」（共著、有斐閣）、「金属材料の物理」（共著、日刊工業新聞社）、「材料科学概論」（共著、朝倉書店）、「まるで原発などないかのように」（原発老朽化問題研究会編、現代書館）、「徹底検証　21世紀の全技術」（共編、藤原書店）、「福島事故はなぜ起きたか」（編著、藤原書店）、「原発を終わらせる」（共著、岩波書店）、「場の力、人の力、農の力」（共編、コモンズ）など。

原発はどのように壊れるか—— 金属の基本から考える

2018年3月31日　初版第1刷

著　　者　小岩昌宏・井野博満

編集・発行　原子力資料情報室

発　　売　株式会社アグネ技術センター

連 絡 先　原子力資料情報室
東京都新宿区住吉町8-5 曙橋コーポ2B
TEL：03-3357-3800　FAX：03-3357-3801

印刷製本所　日本ハイコム株式会社

ISBN 978-4-901496-92-6